U0397442

Stitch and String Lab
for Kids

给孩子的
针线实验室

【美】凯茜·斯蒂芬斯　著

童画家　译

华东师范大学出版社

·上海·

目 录

单元 1

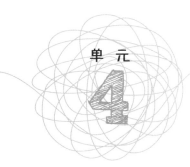

单元 **2**

单元 **3**

单元 **4**

前　言

当我还是个孩子的时候，并没有上过什么艺术课。与此相反，在我成长的20世纪80年代，我参加了在伊利诺伊州乔利埃特（Joliet）开设的所有夏令营。对我而言，开的是什么课程无关紧要，只要那里有酷爱牌（Kool-Aide）饮料和手工艺品，我就会去参加。正是在那些夏天里，我学习了稻草编织等手工工艺，以及如何制作绒球。也是在那些夏天里，我和我心灵手巧的祖母一起度过了许多时光。她和我一样，也喜欢各种形式的纤维艺术。她的小房子里全是绣花的枕头和墙壁挂件，这些东西填满了房间的每一处。我还记得那个夏天，我坐在她的门廊上，完成了我的第一件刺绣作品——一只玩耍的小狗。完成后，她帮我把它缝在了一个枕头上。多年来，我一直非常珍视这个枕头，并引以为豪。

纤维艺术总是能引起我心中的共鸣，原因是——纤维艺术品的触感舒适，而且常常功能众多，这一切都与布料的手感、绒线的柔软度以及绣花丝线的光滑外观有关。我也喜欢制作有实用性的物件，例如编织书签或手工枕头。对我来说，艺术的重要之处不仅仅在于美，实用也非常关键。

20年前，当我成为美术老师的时候，我想教给我的学生一些不一样的项目，我希望创造出来的东西不仅仅是用于展览的漂亮物件，我想教授他们一些生活技能，比如缝纫和编织。在这本书里，我想与大家分享我对纤维艺术和创作实用物品的热爱，我也想重现那些我们的祖母们经常使用的奇妙技能。

通过纤维艺术，你可以了解历史、地理、数学、科学和艺术。在这个几乎人人不离手机的年代，我想讲授一些技巧和灵感，让你放下手机，拿起针线，开始创造！

我想给我在田纳西州富兰克林约翰逊小学的学生们一个大大的拥抱，并与这些最棒的小艺术家击掌。我常常把我的学生称作我的孩子，因为我爱他们每一个人。同时，我还要感谢我的同事和工作单位，他们给了我很多的支持。学校就是我的家，能找到这样一所学校，真是我的幸运。

谢谢！

——凯茜

入门篇：纤维艺术创作

纤维艺术包含使用纤维和绒线进行创造的各种形式。缝纫、刺绣、编织、织造和毛毡，每一项都乐趣无穷！由于各种形式的纤维艺术都有其价值，因此本书对此都有所涉及。所有的实验可以按任意顺序实施。当然，这些实验在本书中呈现的顺序可以确保读者逐步学习，以之前学到的知识为基础，学习新的知识和技能。

在开始任意实验之前，请务必仔细阅读此"入门篇"，这里涵盖了有关创设纤维艺术空间、收集缝纫工具和需要用到的纤维耗材以及基本缝纫技术等在内的所有基础知识，确保你能够顺利起步。例如，在许多实验中，你将需要穿针引线，"技巧篇"（第16页）提供了有关穿线的步骤说明以及如何制作和使用穿线器的教程，在实验过程中可以经常参考本书的这一部分内容。如果你在实施某个实验时感到有困难，可以先完成前面的实验或重新学习基础知识，这可能会对你有所帮助。

打造创作空间

打造特定的、秩序井然的工作和收纳空间是非常重要的，孩子（和成年人）可以在那里进行缝纫和编织。与绘画或使用黏土不同，使用纤维材料进行创作可以不那么"一团乱"，非常适合与孩子一起进行。这个创作空间应该具备良好的照明环境，配有书桌或厨房用桌、餐桌，以供孩子缝纫和创作。有些材料（例如珠针或缝纫针）很小又尖锐，因此为防止缝纫针和珠针从桌子上掉下来，最好将它们存放在带边缘的托盘或类似容器里。

打造好创作空间后，可以开始添置针线包和刺绣套装，这一过程同样充满乐趣。你无需一次性购买所有材料，但完全不买也不可行。随着孩子技能和创作欲望的提高，可以逐渐把各种新的材料和工具添加到套装中。与你家中的小艺术家一起创作吧，这是一次向你的孩子展示你是一位终身学习者的绝佳机会。即使你从未缝纫过，也没关系！对你们来说，这都是一次充满乐趣的纤维探索之旅。

准备工具套装

入门并激发出对纤维艺术的热情的最好方法是准备用于缝纫或纤维艺术的工具套装。将所有材料有条理地收纳在一个盒子里，可以让你家中的小艺术家轻松地找到和存放他们的缝纫工具以及喜欢的缝线、绣线和绒线，并将它们全都收拾得井井有条。收纳容器可以使用家中原有的东西进行改造，比如一个小透明塑料盆，一个金属饼干盒，甚至一个饭盒，都可以做成一个很棒的工具盒。篮子、任意编织品或有孔的物件不适合用来存放那些可能会掉出来的材料，但可以用来收纳绒线和布料。售卖手工艺品和布料的商店也会出售各种装配好的缝纫盒。如果家中有较年幼的孩子，在不使用的时候，请将盒子存放在架子的高处。

让我们从纤维艺术工具套装必备的一些基础材料开始介绍。当然，除此以外，你还需要一个篮子或架子来存放绒线和布料，将所有材料都集中收纳在一个地方可以使艺术创作过程更井井有条，且随时都可以开始。

你需要基本的缝纫工具，如缝纫针、珠针、剪刀和绣绷等，用它们来正式开始上手，还可以使用各种缝线、绣线和绒线来增添乐趣。

→ 针

缝纫针和绣花针种类繁多，根据使用目的的不同而略有差异，它们的区别在于针孔大小、针的长度和针尖的锐利度。就本书中的实验而言，只需要手缝针、绣花针和大孔针即可。

缝纫用的手缝针

如果只购买一种针，请购买手缝针。手缝针的针孔较大，易于穿线，针尖锐利，是较为理想的选择。这种针有不同的规格，表示规格的数字越大，则针越小。要完成

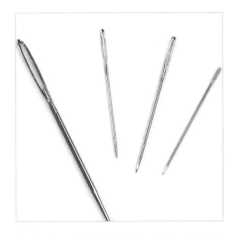

本书中的大多数实验，最好使用规格为18号～24号①的手缝针。

刺绣用的绣花针

相比于手缝针，绣花针的针孔更小，对年幼的小艺术家们来说，穿线可能会更困难些。可以把绣花针放入纤维艺术工具套装中备用，它们通常以包含了若干规格②的组合套装形式进行售卖。

编织和初学者缝纫用的钝头大孔针

对新手来说，钝头大孔针（或称毛线针）是十分理想的工具，它比绣花针和手缝针要大一些，穿线的针孔很大，针尖也比较钝，非常适合那些手比较小的年幼艺术家。钝头大孔针

通常是金属或塑料材质的，而孩子们似乎更喜欢金属材质的，觉得这更像"真家伙"。钝头大孔针同样有不同的规格，13号③非常适合用于缝制粗麻布或编织，而20号④则更适合用于缝制较小的线迹。

→ **缝纫用的珠针和磁吸针垫（或磁力棒）**

珠针是在缝纫完成前用来暂时固定布料和装饰品的工具。和缝纫用的针一样，珠针也有许多种类。不过，只需要一种类型便能完成本书中所有的实验——加长圆头珠针。

这种珠针很适合小手操作，一端的彩色圆头让它们更容易被找

① 可以对应选择2/0号（1.15毫米×50毫米）～3号（0.8毫米×40毫米）的中国版手缝针规格。（编者注）
② 针号越小，针就越长越粗，针孔也越大；反之，针号越大，针就越小。（编者注）
③ 可以对应选择针长60毫米、针粗2毫米的中国版钝头大孔针。（编者注）
④ 可以对应选择针长50毫米、针粗1毫米的中国版钝头大孔针。（编者注）

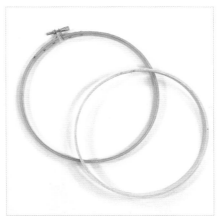

到，这很重要，毕竟没有人想踩在一根珠针上，或者发现身边躺着一根缝纫针。如果想要避免孩子由于珠针不慎掉出或者错放在不该放的地方而受伤，最佳方式是使用带有磁性的针垫（或磁力棒），它们可以在工艺品商店买到。清理时，只需在工作区域轻轻挥动磁吸针垫（或磁力棒），就能像施展魔法般地吸起所有的金属珠针和缝纫针。

➡ 剪刀

用不合适的剪刀裁剪布料可能会让人十分沮丧。因此，最好是在缝纫工具套装中准备3种不同的剪刀。

美工剪刀

这是最基础且便宜的剪刀，可以用来剪除布料外的几乎任何东西。它们非常适合用来裁剪纸样、硬板纸和绝大多数的线。

裁缝剪刀

这种剪刀的价格要贵一些，且只能用于裁剪布料，这点可能需要提醒你家中的小艺术家很多次，因为这真的很重要。裁缝剪刀如果用来剪纸的话，就会变钝，再用来剪布料时会变得不再那么好用。因此，最好是专门准备一把裁缝剪刀来裁剪布料。

刺绣和缝纫用的线剪

这是一种很适合用来修剪线头的小剪刀。它的尺寸比较小，能够让使用者更精准地修剪缝线。

➡ 绣绷

各种尺寸的绣绷是缝纫和纤维艺术工具套装的绝妙补充。它们一般价格低廉，用木头或塑料制成。

对小艺术家们来说，木质的绣绷更易于使用。一个绣绷由两个绣圈组成。外圈顶部有一个可拧紧的螺栓，

而内圈是一个环形。一般来说，所用的布料应该超出绣绷至少5厘米。绣绷能将布料拉紧，然后在上面缝合和刺绣会更加容易（具体参见"绣绷的用法"，第15页）。最后，建议购买3种不同尺寸的绣绷备用。

➡ 钩针线、绣线和绒线

只需将钩针线、绣线和绒线加入纤维艺术工具套装中，就能让你家中的小艺术家进行本书中的所有实验。

钩针线

本书中的实验通常使用钩针线（也称为蕾丝线）来缝纫，它有不同的粗细规格，可以选择粗一点的来用。这种线很强韧，不像供缝纫机使用的细线那样容易断，很适合给孩子使用。

手工编织绳和钩针线很像，只是更粗一些，如有必要，也可以用来代替钩针线。

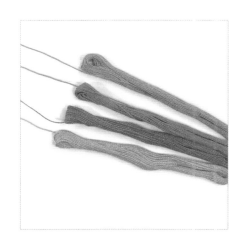

绒线

　　许多纤维艺术需要用到绒线（俗称毛线）。绒线也有各种规格、质地和颜色。不过在本书中，用到的大多数是中等粗细的绒线。有一些实验需要用到更粗的绒线。购买绒线也是一种有趣的体验，孩子们很容易被色彩缤纷或者变色的绒线所吸引。

　　绒线通常以一捆的方式出售，线头可以在线团的一端找到。不过，有时候线头会有点难找，如果从外面解开绒线来使用，这又可能导致绒线缠结。因此在购买绒线时，可以寻找和购买能在某一端看到线头的绒线团。然后在开始使用这团绒线时，轻轻地将线头从端口拉出。

绣线

　　这是一种非常适合缝纫装饰和布贴的一种线。绣线颜色多样，十分美丽，用它来缝制多彩的图案真是妙趣无穷。绣线通常由6股丝线绞在一起制成，艺术家们一般一次只用其中的3股。关于如何使用这些多彩的线，具体参见"分离绣线"（第14页）。

图1

图2

图3

也可以尝试自己缠绕一个绒线团来使用，这样找起线头来会更加容易些。

1. 要将一捆绒线变成绒线团，第一步是先将绒线缠绕在手指上。（图1）

2. 然后，把绕好的这团线从手指上取下，继续将绒线缠在线团上，并随手转动线团。（图2）

3. 继续绕线，直到所有的绒线都卷在了绒线团上。

➡ **为线上蜡**

如果你家中的小艺术家在缝线时总是碰到缝纫线或绣线打结的情况，并为此而苦恼，那一定要给线上点蜡。

用一根手指将线按在蜡上，用另一只手拉线，这样可以增加线的强度并最大程度地减少打结。最理想的蜡是蜂蜡，也可以使用蜡烛！

➡ **纽扣**

保留并收集各种形状、大小和颜色的纽扣。请记住，纽扣孔的尺寸是不同的，因此你需要各种纽扣。寻找那些带有大孔眼的纽扣，这些纽扣更容易缝在布料上。

➡ **胶水**

在本书的许多实验中，创作者可以选择用针线或胶水将几片布料缝合或粘合到一起。学校里用的常规胶水的强度不足，不适合用来粘合布料，你需要布料专用的胶水，它可以在手工艺品商店找到，用它将小块布料粘贴在缝制的物件上。

准备布料和填充物

只需要准备4种不同类型的布料即可完成本书中的所有实验。由于布料的独特材质，每种布料会被选用于特定的实验中。更多信息参见"裁剪布料"（第12页）。

在上图中，从顶部开始，按顺时针顺序出现的4种布料分别是：

➡ **纯棉印花布**

这种100%纯棉的基础织物易于裁剪，并印有各种有趣的图案。带有印花的一面称为"正面"，另一面称为"反面"。这一点很重要，缝制时要注意。

在缝纫店里，纯棉印花布通常以 $\frac{1}{4}$ 码[1]的尺寸出售。对小艺术家们来说，购买这种尺寸的布料更为经济实惠。它非常适合用来缝纫和刺绣。

➡ **毛毡布**

毛毡布[2]对孩子们来说是一种绝妙的材料——它易于剪裁，且不像

---

① 英文"fat quarter"意为 $\frac{1}{4}$ 码，即将一块长1码（90厘米）的布料平均裁剪为4份后的尺寸。若一块布料的宽幅为110厘米，那么 $\frac{1}{4}$ 码的尺寸就是55厘米×45厘米。布料的宽幅不同，具体布料的 $\frac{1}{4}$ 码尺寸也不同。（译者注）

② 毛毡是一种将纤维进行加工粘合而成的非织造类纤维布，由天然纤维（如羊毛等动物毛）或合成纤维制成。（编者注）

纯棉印花布那样容易出现毛边。因此，用毛毡布来缝制布贴或小块布料是再好不过的。它通常以A4尺寸（21厘米×29.7厘米）的一片或以米为单位出售，价格非常低廉。

➡ 平纹细布

平纹细布是一种廉价、自然的棉质布料，就和纯棉印花布一样，只是它没有印花！因此，它就像一张空白的画布，可以用于缝制、印花、绘画或染色。

➡ 麻布

粗麻布是一种很好的刺绣面料，由于它的经纬结构比较松散，用它缝制时能够清楚地看到线孔。可以使用钝针来缝纫麻布，因此这种布料特别适合年龄小的艺术家，尽管它确实很容易出现毛边。

➡ 枕头和毛绒玩具填充物

如果想赋予枕头或毛绒物件舒适柔软的触感，可以试着使用聚酯纤维填充物（也称珍珠棉）或涤纶棉（也称PP棉）。这些填充物可以在手工艺品商店的缝纫区找到。不过，也可以使用像塑料袋之类的可回收且廉价的材料来填充，它们会使物件发出清脆的声响。碎纸片、拉菲草、甚至小片的布料和绒线都可以拿来作为填充物使用，它们会让枕头或毛绒玩具格外蓬松。

准备天然毛毡材料

书中的一些实验涉及两种不同的使用天然毛毡的技法——针毡和湿毡。

天然毛毡制品非常适合用来制作手工作品，它不会像其他布料那样出现毛边。想要了解羊毛毡技法，参见实验32/33/34。

先用肥皂水打湿、揉搓羊毛纤维，就像用洗衣机洗衣服一样，再将羊毛纤维粘在一起成型，然后就能得到一块较为坚实的天然毛毡布料。如果你曾经使一件羊毛衫缩水过，那么就算是做过湿毡啦！

针毡则需要利用特殊工具来固定羊毛纤维，从而创作出更细致的设计。在相关的实验中，需要羊毛条、针毡工具和针毡垫，许多手工艺品商店都有这些天然毛毡材料供应。

有可能的话，你甚至可以寻找当地的羊驼或绵羊农场作为羊毛纤维的来源地！

基础篇：布料和缝纫线

裁剪布料

本书中使用的4种布料都需要先经过不同的裁剪和预制。使用裁缝剪刀会让裁剪工作更容易些！

➡️ **裁剪麻布**

麻布的经纬结构十分松散，如果你仔细看，就能看到相互交织的纤维束！因此，若是裁剪的方式不对，这种布料很容易在使用时散开。

以下是裁剪和预制麻布的最佳方式：

1. 在粗麻布的一边剪一个长2.5厘米的小口。轻轻地分开小口两侧的布料并拉出一根粗麻布线。（图1）

2. 继续轻拉那根线直到完全拉出。在线被彻底拉出前，布料会皱在一起。如果拉的时候这根麻布线断了，只需再拉出相邻的一根即可。（图2）

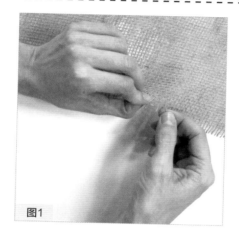

图1

图2

图3

图4

3. 一旦这根粗麻布线被拉出，布料会重新变得平整。同时，布料的中间会出现一道空隙。沿着这道空隙将麻布向上剪开。（图3）

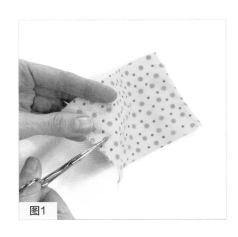

图1

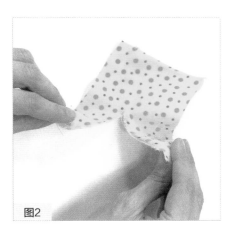

图2

4. 在缝纫之前，用胶水沿着布料四周涂一圈，放置过夜晾干。胶水能防止缝纫时麻布边缘出现毛边。（图4）

➡ **裁剪纯棉印花布和平纹细布**

纯棉印花布和平纹细布都是棉质的布料。前者带有精美的印花，后者则呈现出更天然的颜色。

1. 要裁剪和预制这种布料，只需在布料的一边剪开一个小口。（图1）

2. 轻轻地分开小口两侧的布料，向两边扯开。由于撕扯，此时布料边缘可能会出现褶皱，将边缘按压平整即可。（图2）

➡ **裁剪毛毡布**

由合成纤维或人造纤维制成的毛毡布的价格非常低廉。由真正的羊毛纤维制成的毛毡布的价格则昂贵得多。在这本书中，使用了各种颜色、成片出售的人造毛毡布。这种布料的纤维不会散开，因此可以用剪刀裁剪后粘合或缝合到其他布料上。

处理缝纫线

有一些技巧可以让使用钩针线和绣线进行缝线的操作变得更容易。

➡ **裁剪长度合适的线**

将线裁成合适的长度很重要。线太长，容易在缝纫时缠绕打结。线太短，也容易令人烦恼，因为得不停地停下来、打结，然后重新开始。

线的合适长度应该和你的臂长差不多，30～35厘米较为适宜。可以先用一只手捏住线头，伸直手臂，然后用另一只手将线拉到肩膀上。捏住位于肩膀附近的线，将其拉离肩膀后再剪断。不要在肩膀附近剪线，因为这可能会剪掉头发或剪破衣服！

剪好钩针线之后就可以直接穿针使用了。如果用的是绣线，在缝纫前还必须先将其分离，且绣线的长度不宜超过36厘米。具体参见"分离绣线"（第14页）。

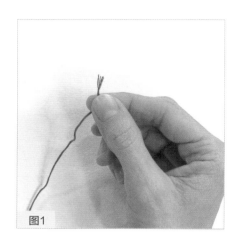

图1

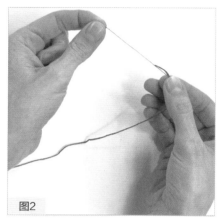

图2

图3

→ **分离绣线**

绣线由6股丝线组成，剪断后将其对半分开使用。有时候，你可能会使用到不同股数的丝线，不过在这本书的实验中，使用的都是3股线的绣线。

1. 轻轻地分开绣线末端的6股线，使每一股都能被清楚地看见。（左图1）

2. 将1股线从中拉出，在拉的时候，捏住剩余的5股。（左图2）

3. 在1股线拉出的过程中，其余的5股会聚在一起，并可能发生缠结。不要试着解开，只要这股线被拉出，缠结的部分会自动解开。

4. 继续从中拉出两股线，注意，一次只能拉1股。结束之后，你将得到两根3股的绣线。（左图3）

→ **收纳绣线**

绣线很容易缠在一起，为了防止这种情况发生，将线绕在绕线板上是一个好办法。手工艺品商店有绕线板出售，你也可以很轻松地自制一个，只要裁一片硬纸板或塑料片就行。

1. 在小纸板的一侧剪出一道口子（用装谷物麦片的盒子做纸板的话，效果很好）。将绣线的末端

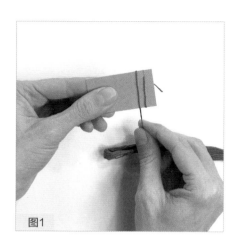

图1

图2

卡在口子上，然后开始将线缠绕在纸板上。（右图1）

2. 持续将线绕在纸板上，如果线开始缠结，要轻柔地解开。结束的时候，在纸板的另一端也剪出一道口子，然后将线头卡在口子上。（右图2）

图1

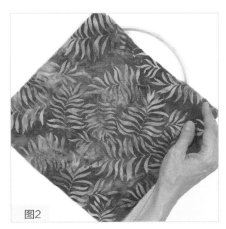

图2

图3

绣绷的用法

在缝纫或刺绣的时候，绣绷是一件非常实用的工具。它能协助拉紧和固定布料，以下是将布料装入绣绷的方法：

1. 分开两个绣圈。（图1）

2. 将内圈置于桌面，把布料覆在内圈上。（图2）

3. 将有螺栓的外圈放在内圈和布料的上方，内外两个圈要严丝合缝地贴在一起，拧紧或拧松外圈上的螺栓进行调节，使两个圈贴紧。（图3）

技巧篇： 手工缝纫须知

对小艺术家们来说，学习缝纫是件非常令人兴奋的事，通过它可以创造出无限可能。但同时也可能会出现一些令人沮丧的事，例如穿针、打结或解开缠成一团乱麻的线。学习一些使用针线的基本技巧，将为小艺术家们带来愉快而成功的缝纫体验。由于后续的实验将频繁用到这些技巧，建议时常回看复习本篇内容。

穿针

穿针是所有缝纫的开端！它是将缝纫线穿进针孔中的动作。如果针孔很大，只需将线对准针孔穿过即可。如果针孔很小，有时穿线会有点困难，在这种情况下，在手工艺品商店能买到的穿线器可以很好地帮到你。如果穿线确实遇到了困难，一时又找不到穿线器，可以尝试自己制作穿线器。

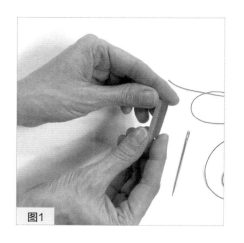

图1

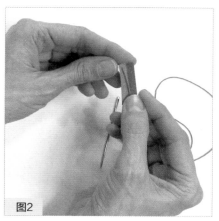

图2

➡ **自制穿线器**

家庭自制的穿线器免费且好用，下面是制作教程：

1. 裁剪一张长方形的小纸片，纵向对折。确保它足够小，可以顺利穿过针眼。（图1）

2. 打开这张长方形的小纸片，将已剪好的缝纫线的一个线头放到里面，然后对折。（图2）

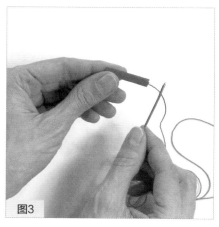

图3

3. 将对折后的小纸片穿过针眼，完成后再把小纸片从缝纫线上取下，这样线就穿好啦！（图3）

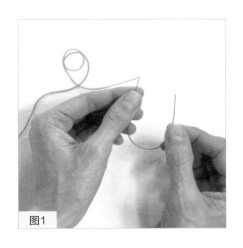

图1

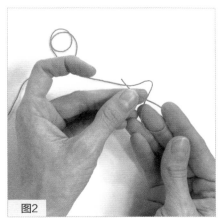

图2

图3

打结

　　在线的末端打结，以此确保缝纫时线会固定在布料的适当位置。否则，针和线就会直接穿过布料！

　　每次穿针后，都应在线的末端打个结。但注意不要在针孔处打结，这会让针无法穿过布料。

1. 将线穿过针孔后，在线的一端摆出一个"U"形。（图1）
2. 再通过将线的尾端移到"U"形的顶部来制造出一个"O"形。（图2）
3. 最后将线头穿过"O"形并拉出，轻轻地拉扯线头，试着把线结移动到线的末端。（图3）

三种基本针法

　　在开始缝纫或刺绣时，务必从布料的反面开始起针：穿好线并打好结后，将针从布料的反面刺穿布料，把针线拉出，直到打好的结使其停下卡住。这样可以使所有的线结都留在布料的反面，正面就看不到线结啦！

　　对于缝纫和刺绣，本书中使用最多的是三种基本的手缝针法，即平针缝、卷边缝和锁边缝，它们各不相同且各有用处。实验6"刺绣线迹采样"（第34页）展示了多个其他针法，从中可以学习到更多的装饰针法。

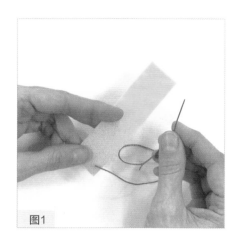

图1

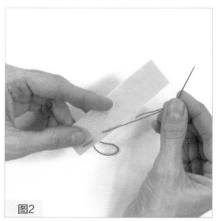

图2

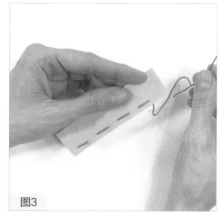

图3

→ 平针缝

平针缝是最常用的针法。它是通过上下移动针和内外移动布料来进行的。缝完之后的线迹看起来像一条虚线。

1. 线穿针后打结。从布料的反面开始，将针穿过布料再将其拉出，直到线结将线卡住。（图1）

2. 针现在位于布料的上方。在距离针穿出的位置大约一指宽的地方，再次用针穿过布料。拉动针线直到线结使其停下卡住。这是第一个平针线迹。（图2）

3. 继续让针上下穿过布料，缝出虚线一般的平针线迹。尽量使线迹保持平整且笔直。（图3）

→ 卷边缝

使用卷边缝针法能包住布料的边缘。针应围绕布料边缘运动而不是像平针缝那样在布料上上下移动。这是缝制枕头和填充类布艺品的绝佳缝法，小而密的线迹可以防止填充物掉出。

1. 与平针缝针法一样，首先将线穿针后打结。再将针从布料的反面穿过，直到线结使其停下卡住。（下页左图1）

2. 针从布料正面穿出后，将针绕到布料的反面，使线包围住布料的边缘，然后再次将针从反面穿过布料。（下页左图2）

3. 重复以上操作，用线包裹住布料的边缘，缝出卷边线迹。（下页左图3）

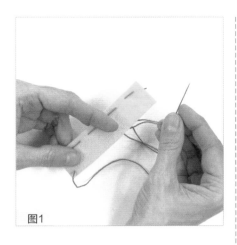

图1

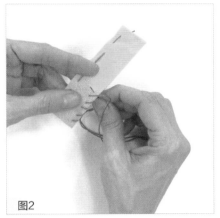

图2

图3

→ **锁边缝**

锁边缝是另一种常用的针法。常常用于缝制布料的边缘，使其更美观。

1. 像所有的针法一样，从布料的反面开始，将针拉出，直到线结使其停下卡住。（右图1）

2. 在距离针穿出的位置大约一指宽的地方，再次用针从反面穿过布料。（右图2）

3. 慢慢地把针拉出。这时缝线会形成一个小圈，将针从这个小圈里穿过。（右图3）

4. 重复以上操作，完成锁边缝。（图4）

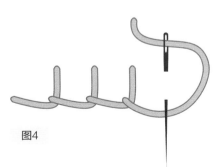

图4

图1

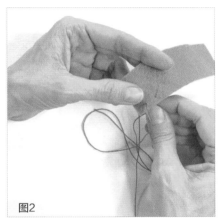

图2

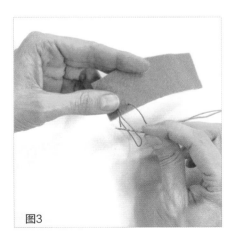

图3

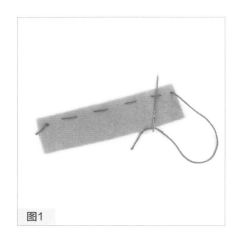

图1

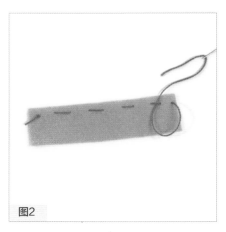

图2

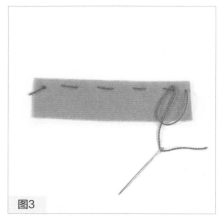

图3

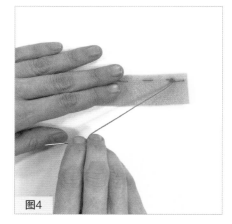

图4

结束收尾

完成缝纫后必须打结。如果只是简单地将线剪断，线迹就会松开，部件也会散开。这对缝制的物品来说是毁灭性的。

按照一般经验，当剩下的线只有一掌长度时，即使还没有缝完，也应该停止缝纫并打结。

之后要再裁一段线，重新穿针，继续缝纫。

1. 所有的结都应该在布料的反面。打结时，将布料翻到反面，针从最后一针的线迹中穿过。（图1）

2. 当出现一个小圈时，停止拉线。（图2）

3. 将针转过来穿过线圈。（图3）

4. 把线拉紧，重复以上步骤，再打一个结。（图4）

图1

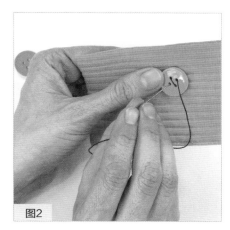

图2

图3

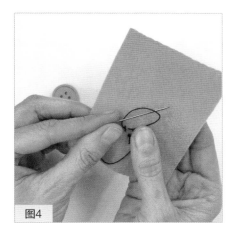

图4

缝制纽扣

本书中的许多实验都用到了纽扣。有时候纽扣具有特定功能，有时候只是作为装饰品。无论哪种用途，缝制纽扣的方法都是一样的。如果纽扣上有孔眼，在开始缝纽扣前，先要确保针的尺寸合适，能够穿过纽扣的孔眼。

1. 线穿针后打结。将纽扣固定在将要缝的位置上。将针从布料的反面向上穿过，把结留在布的反面。将纽扣从针上滑下来，或者用针穿过纽扣的一个孔眼。（图1）

2. 将针线拉出，直到布料反面的线结卡住针线。再将针向下穿过纽扣的另一个孔眼。如果纽扣有4个孔眼，则选择穿入对角的孔眼，这样可以用线在纽扣的正面缝制出一个"X"形的线迹。（图2）

3. 在其余两个纽扣孔眼上重复这一步骤。如果纽扣上只有两个孔眼，只需重复同一缝法即可。为了更好地固定纽扣，最好重复缝制两次。

4. 为了固定纽扣，要将布料翻转过来在反面打结，可以用针穿过线迹来打出一个结。（图3）

5. 缓慢拉动针直到线形成一个小线圈。将针穿过线圈并拉出。重复该步骤，然后剪掉多余的线。（图4）

纠正错误

缝纫的时候，往往无法避免错误。最简便的方法是，把线从针上取下来，然后用针尖轻轻地将布料上错误的线迹挑起并拆掉。

单 元

1

刺 绣

刺绣是用针和线（或绒线）装饰织物的艺术。与缝纫不同，刺绣的线迹能形成各种线条和形状，这些线条和形状能表达不同的意思。每种文化中都可以找到用刺绣装饰的日常用品，例如枕套和毛巾，还有装饰性的物品和节日用品，例如传统服饰和挂毯。在本单元的实验中，我们将探索如何选择线和绒线以及制作流行的刺绣图案。其中用到的许多技巧和针法将在后面的缝纫实验中得到进一步拓展。如果你使用针线的经验不多，那么从这些基本的刺绣实验开始可能会更容易些。可以根据需要参见"基础篇"（第12页）中的内容。

扭扭棒挂饰

让我们先在这个实验中用扭扭棒练习缝纫技巧吧！缝纫和刺绣都涉及用针和上下穿线。为了在操作和理论方面都更熟悉缝纫的基础步骤，可以将扭扭棒当作针和线，把扭扭棒像针线那样穿过结构松散的网眼布料，然后"缝制"一个纽扣。在这个过程中，五颜六色的线迹将会在布料上创造出美丽的图案。祝你玩得开心！

实验材料

→ 网眼布料（15厘米×20厘米）
→ 彩色冰棍棒
→ 胶水
→ 晾衣夹（或厚书）
→ 扭扭棒（也称为毛根）
→ 纽扣

实验步骤

1. 裁剪一块长方形的网眼布料，宽度与彩色冰棍棒的长度接近，形状无需完美。将一根冰棍棒用胶水粘在网眼布料的一端上。（图1）

2. 隔着布料在第一根冰棍棒的正上方粘上另一根冰棍棒，把网眼布料夹在中间。再在布料的另一端执行相同的操作。同时，需要像图2中那样，将一根扭扭棒的两端粘在一根冰棍棒的两端当作提手。用晾衣夹（或厚书）帮助固定冰棍棒，然后静候胶水变干。

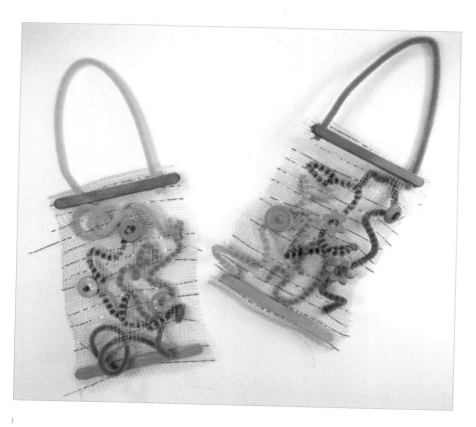

3. 再取一根扭扭棒，将其末端掰弯作为固定用的线结。（图3）

4. 将扭扭棒穿过网眼布料的网眼，拉出剩余部分，直到弯曲的末端卡住。（图4）

5. 将这根扭扭棒上下移动穿过网眼，最后穿到布料的反面，再弯曲末端加以固定。可以按照个人的喜好来确定使用的扭扭棒的数量。（图5）

6. 用一根新的扭扭棒穿过一颗纽扣的孔眼，让纽扣沿棒滑下。弯曲扭扭棒并穿入纽扣的第二个孔眼。然后，将扭扭棒向下穿过网眼布料，将纽扣固定在布料上。千万记得要将扭扭棒的末端穿到布料反面，然后再弯曲固定。（图6）

7. 可以继续添加扭扭棒和纽扣，直到完成整件挂饰作品！

图1

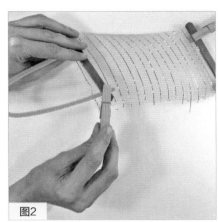

图2

图3

图4

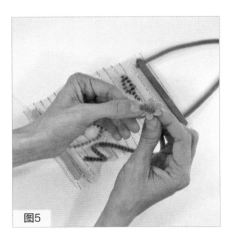

图5

图6

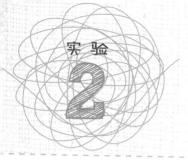
刺绣捕光网

让我们开始学习初级的刺绣技巧吧！刺绣就是用针线来创造图案。在本实验中，我们将会探索如何穿针引线、如何使用绣绷以及如何在塑料膜上绣出图案。如果将绣绷想象成是一个池塘，针就是一个游泳的人，"游泳"的针总是在"池子"里面跳上跳下，而不是绕过池子游泳。希望你在探索刺绣的过程中玩得开心！

实验材料

→ 绣绷
→ 干净的塑料袋
→ 钝头大孔针
→ 绒线
→ 穿线器（可选）
→ 绒线球（可选）

实验步骤

1. 将绣绷的两个绣圈分离，把内圈放在桌面上，从塑料袋上裁下一块比绣绷大些的方形塑料片覆在内圈上。将带有螺栓的外圈套在塑料片和内圈外缘。如果外圈的尺寸不合适，可以调松螺栓，使外圈松至合适的尺寸，再将内外圈卡住后拧紧螺栓。要确保塑料片在绣绷上是紧绷的状态。（图1）

图1

图2

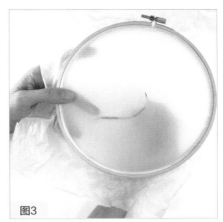

图3

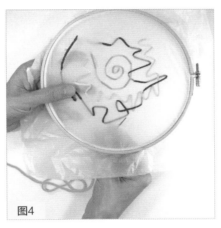

图4

图5

2. 用绒线穿针。使用穿线器会让穿针的过程更容易（参见第16页）。从塑料片的反面开始绣，将针从反面穿到正面再拉出。在塑料片的反面留一小段绒线的线尾。（图2）再将针掉头从上往下再次穿过塑料片。

3. 将针上下来回穿过塑料片，绣出线迹。（图3）

提示

请注意，永远不要将针绕过绣绷缝线。如果不慎操作错误，将线从针上取下并轻轻地把错误的线迹从布料上拆出即可复原。然后重新穿针后继续刺绣。请确保所有的线迹都在绣绷范围以内。

4. 如果针上的绒线快用完了，将线穿到塑料片的反面，留一小截线尾。再用一段新的绒线重新穿针然后继续绣。试着用线迹设计出漂亮的图案。（图4）

5. 想要刺绣过程更有乐趣的话，可以用针把绒线球缝在塑料片上。按照你的想法来确定塑料片上的绒线和绒线球的数量

吧！（图5）

6. 将完成的塑料片捕光网①挂在窗户上。

———————

① 捕梦网（Dream Catcher）是印第安人的传统手工艺品，用植物的纤维和小枝条以一定的手法编织成的圆形网兜状物品，带有"留住好梦与祝福"的寓意。本实验制作的捕光网（Sun Catcher）与此类似。（编者注）

平针挂毯

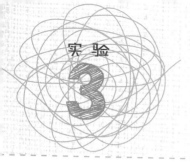

粗麻布是纺织品的一种。在刺绣的过程中，你可以看到自己的"画作"一点点成型，这个过程充满乐趣。可以将粗麻布先固定在绣绷上后再刺绣，或直接用手拿着布料在上面刺绣。让我们集中精力学习如何缝制平针线迹（参见第18页）和回针线迹吧！你还可以添加绒线球作为装饰（参见实验21）。

实验材料

→ 方形的粗麻布（边长15厘米）
→ 胶水
→ 纽扣
→ 绒线
→ 钝头大孔针
→ 粉笔
→ 剪刀
→ 宽冰棍棒
→ 绒线球（可选）
→ 绣绷（可选）
→ 穿线器（可选）
→ 用于保护桌面的塑料袋（可选）

实验步骤

1. 仔细查看粗麻布上的线是如何上下交错地编织在一起的。这种布料很容易散开，最好先将塑料袋铺在桌面上，再将粗麻布放在上面，然后沿着边缘滴上一圈胶水，静候胶水变干。也可以使用绣绷来固定粗麻布。（图1）

2. 用30厘米长的绒线穿针。使用穿线器的话，这一过程会变得更加容易（参见第16页）。在绒线的一端打个结（参见第17页）。总是从布料的反面开始起针，这样可以将线结隐藏起来。从布料的一角开始绣，将针线从正面拉出，直到线结使其停下卡住。

3. 再将针向下穿过布料，位置距离起针处约一指宽。这就是第一针的平针线迹了！（参见第18

页）（图2）继续沿着粗麻布的边缘缝制平针线迹。当针上的绒线仅余一掌长度时，停下并在布料反面打结收尾。取一根新的绒线重新穿针后继续沿着边缘绣。（图3）

4. 添加第二圈平针线迹，再加上一颗纽扣（缝制纽扣可参见第20页）。

5. 使用粉笔在粗麻布的中间位置画一个简单的图样，例如心形、星星、字母或彩虹。尝试用回针缝针法绣出这些图案：先缝一针（图4），然后在距离上一针约1厘米的位置由下往上将针穿过布料，再回到第一针处由上往下缝一针。（图5）缝完图案后在布料的反面打结。

6. 先将一小段绒线用胶水粘在冰棍棒的两端作为提手。再在冰棍棒上涂胶水后放在粗麻布上端的正面，将另一根冰棍棒粘在粗麻布的反面，像"三明治"一样把粗麻布夹在两根冰棍棒中间。在胶水变干的过程中，用一本厚书压在上面，确保冰棍棒和布料牢牢地粘在一起。（图6）

图1

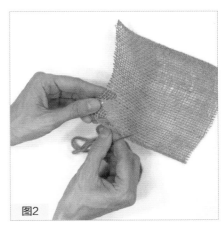

图2

图3

图4

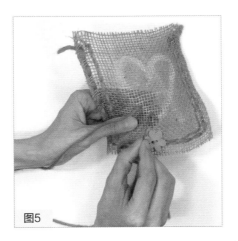

图5

图6

五彩斑斓的圆盘

在布料上设计不同的刺绣图案是非常有趣的。在正式绣之前，可以在布料上尝试绘制不同的图样，然后使用平针缝针法缝出"X"形、虚线和锯齿的形状。使用不同的线迹可以组合出独特而美观的图案。实验6"刺绣线迹采样"可以为你提供一些装饰性线迹的灵感。

实验材料

→ 平纹细布（尺寸比绣绷直径大5厘米）
→ 绣绷
→ 油性记号笔
→ 70%浓度酒精
→ 笔刷（或滴管）
→ 小碟子
→ 绣线
→ 绣花针
→ 剪刀
→ 纽扣

实验步骤

1. 先用绣绷固定好平纹细布。使用记号笔在布料上画出辐射状的图样：先在布料的中间位置画一个圈，再以此为圆心，进一步添加

提示

可以用彩色的油性记号笔在布料上绘出多彩的图样。

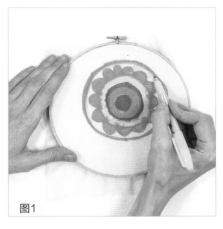

图1

图2

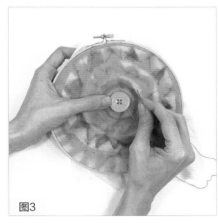

图3

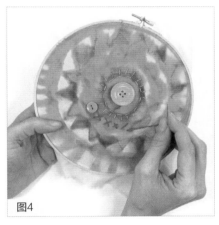

图4

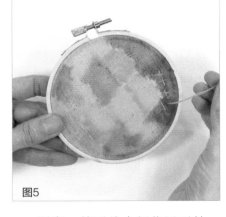

图5

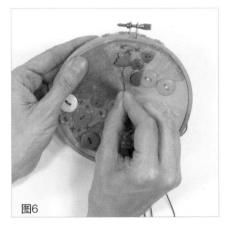

图6

各种线条和形状。（图1）

2. 用记号笔对图样进行着色。然后在小碟子里面倒入少量酒精，使用笔刷（或滴管）将酒精洒在图样上。酒精会使绘制在布料上的色彩发生变化和融合，并由此产生扎染一般的效果。至少晾晒一个小时待布料变干后再开始在上面刺绣。（图2）

3. 如果准备在布料上绣出辐射状的图案，就要从中间位置开始，同绘制图样时一样。也可以考虑在布料的中间缝上一个纽扣作为起点。（图3）

4. 同绘制图样一样，刺绣时也应该从中间往四周移动。可以尝试使用卷边缝、平针缝和十字绣等针法来创造出各种各样的图案。（图4）

5. 可以探索使用不同的针法绣出非辐射状的图案，如十字绣针法。（图5）

6. 缝上有趣的纽扣，可以让你的设计更加独特。（图6）

提示

十字绣针法就是两个线迹互相交叉，形成一个"×"的形状。

贴布绣

贴布绣指的是将一块布料缝到另一块布料上的刺绣形式，可以用它在布料上创造出美丽的图案。贴布绣就像拼贴，不同的是，它使用的是布料和针线，而不是纸和胶水。在本实验中，我们将使用一片好看的印花布料作为作品的背景，用经过裁剪的不同形状的毛毡布来组成图案。

实验材料

→ 绣绷
→ 纯棉印花布（尺寸比绣绷直径大5厘米）
→ 各种颜色的毛毡碎布
→ 珠针
→ 裁缝剪刀
→ 布艺专用笔（或粉笔）
→ 绣线
→ 绣花针

实验步骤

1. 用绣绷固定印花布。（图1）
2. 用布艺专用笔（或粉笔）在毛毡

图1

布上画出动物或任意物品的简单轮廓。可以利用瓶盖在布料上画出一个完美的圆形。

用裁缝剪刀剪下图案，用珠针将毛毡图案固定在印花布上。（图2）

3. 裁剪一段30厘米长的绣线，将这根6股线的绣线分成两根3股线。将线穿针后在末端打结。用平针缝针法将毛毡布固定到作为背景的印花布上。（图3）

4. 裁剪出更小的毛毡片以添加更多细节，用平针缝针法将这些毛毡片缝在印花布上的合适位置。（图4）

5. 尝试使用不同的针法在毛毡片的不同部件上绣出多种图案（参见实验6）。（图5）

6. 继续在印花布上添加更多的毛毡片和刺绣线迹，直到完成整件作品。（图6）

7. 可以尝试在贴布绣片上缝制不同的实体物件，例如将一支画笔缝到"调色板"主题的贴布绣片上。（图7）

图2

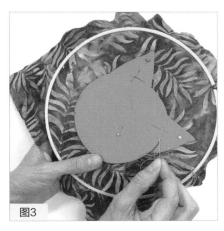

图3

图4

图5

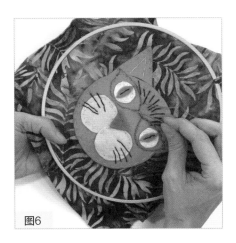

图6

图7

刺绣线迹采样

通常而言，艺术家创作"刺绣线迹采样"是用于展现他们超凡的刺绣技巧。一个线迹采样一般包含用线绣出的字母图案、各种线条和图形。在本实验中，你将学习更多的针法，利用三种基本针法以外的其他针法来创作出各种各样的刺绣图案。在后续创作刺绣作品的时候，这里的线迹可能会为你带来灵感。

实验材料

→ 绣绷
→ 平纹细布（尺寸比绣绷直径大5厘米）
→ 绣线
→ 绣花针
→ 剪刀
→ 粉笔（或铅笔）

实验步骤

1. 用绣绷固定并拉紧平纹细布。剪一根30厘米长的绣线，将这根6股绣线对半分成两根3股绣线。将绣线穿过针后在末端打结。开始的时候，先在布料上缝几排平针线迹（参见第18页）。（图1）

2. 平针线迹看起来像一条虚线，回针线迹则像一条实线。用粉笔在布料上画几条波浪线，再用回针缝针法沿着波浪线缝（参见实验3），继续用回针缝针法沿着小波浪线缝。（图2）

3. 若是绣一个星号图案，先用铅

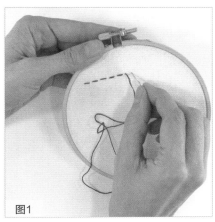

图1

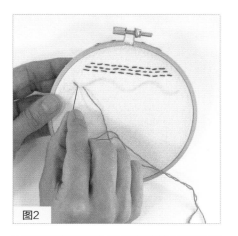

图2

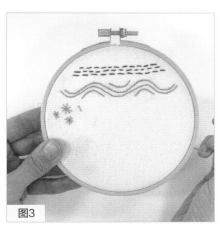

图3

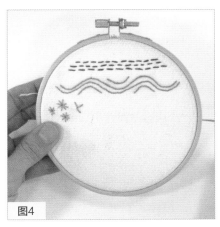

图4

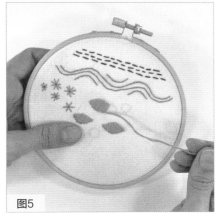

图5

笔在布料上点一个小点，以这个小点作为星号的中心。

- 从小点开始，向外缝一小针。（图3）
- 将针再次从小点的反面穿出，以小点为中心朝另一方向向外缝一小针。（图4）
- 继续以小点为中心向外朝不同方向缝制8针，或者直至绣出一个星形（或星号）。

4. 使用缎面绣针法能为绣出的图案填充色彩。缎面绣的每一个线迹都紧紧相邻，没有任何空隙。若是缝制一串缎面绣线迹，先用布艺专用笔（或粉笔）在布料上画一个简单的图样，例如一片叶子或一个圆圈。再从布料的反面起针，穿到布料正面，注意，应从图样的底部开始绣，这样可以形成直达图形顶部的

笔直线迹。持续不停地用平行的线迹填充图样，直到填满。（图5）

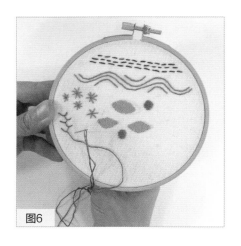

图6

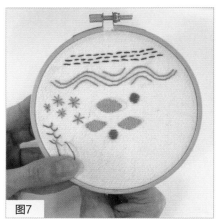

图7

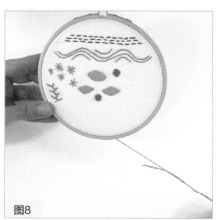

图8

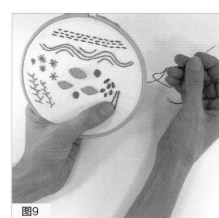

图9

5. 羽毛绣针法非常有趣，能为设计的图样增添美感。

- 首先，在布料正面绣一个小的横向直线线迹。（图6）

- 用拇指将直线线迹向下稍稍拉松形成一个线圈，在直线线迹中间靠下的位置从下往上穿针，针落在前一针线圈的内侧。（图7）

- 将线向下完全拉紧，一个羽毛状的线迹就完成啦！（图8）

- 重复这个步骤，直到完成一条羽毛状的线迹。

6. 若是绣制花瓣，则需要用到花瓣绣针法（也称菊叶绣），先在布料的反面起针，在正面绣出一个小点，用拇指拉住线形成一个线圈，再将针由下往上从布料反面穿到正面，在线圈的内侧穿出，正好位于压住线圈的拇指上方，然后再由上往下贴着线圈外侧将针穿到布料反面（下针处与前一针非常靠近），拉紧缝线，就会形成一个花瓣形状的线迹。如果沿着某点作为中心缝制一组花瓣，就能绣出一朵漂亮的花！（图9）

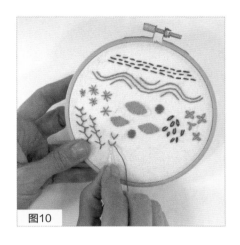

图10

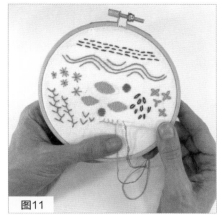

图11

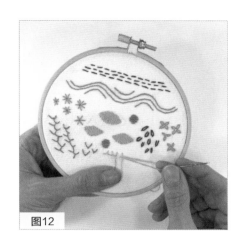

图12

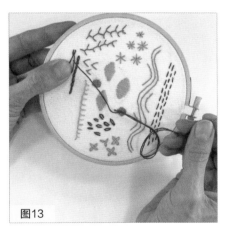

图13

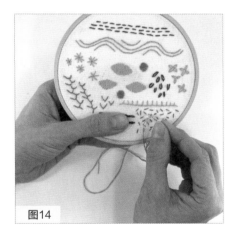

图14

7. 苍蝇绣的针法和花瓣绣的针法非常相似，只是最初的那一针绣出的不是点，而是小短线，所以完成后的线迹更加舒展，像是苍蝇的两个翅膀。（图10）

8. 在线迹采样上添加锁边缝（参见第19页）的线迹吧！

   - 可以用粉笔先在布料上画一条线当作要"锁住"的边缘。第一针先从这条粉笔画的线条上的某一点开始，从布料反面起针。再将针落到线条的右上方并穿到布料的反面。再向下从线条上穿回布料正面，并穿过前一针形成的线圈后拉紧。重复此步骤。（图11、图12）

9. 锁链绣和花瓣绣的针法非常相似，只不过线迹互相连在一起，呈现出锁链的样子。以一个花瓣绣线迹开始，将针从用手指按住线圈的地方，也就是线圈的内侧穿出。轻轻地拉出线，然后重新把针插入线圈的外侧。这样可以把锁链的第一节固定住。继续绣，最终形成一条相连的锁链形状线迹。（图13）

10. 种子绣是最容易绣的一种线迹。只需在布料上随机绣出小小的短线形状线迹即可，它们看起来和碎纸屑的样子差不多。（图14）

单 元

2

手工缝纫

　　缝纫指的是将两块布料缝合在一起的过程，就像拼贴画，只不过不是用胶水将纸片粘在一起，而是用针线将一片片布料固定到位。贴布绣是将一块布料缝在另一块布料上以创作出布艺图案。而缝纫是将两块布料缝在一起，然后往里面塞满填充物以制成枕头或实用的小袋子。刺绣中使用的许多技巧和针法也适用于缝纫。既然你已经在单元1学习了刺绣的基本知识，那么缝纫对你来说就是轻而易举的了！如有需要，可以复习"技巧篇"（第16页）的内容。

毛毡胸针

缝纫和刺绣一样，也有不同的针法。每种针法形成的线迹都各不相同，在使用的时候，也有其特定的目的。制作本实验中的毛绒徽章会用到三种针法：平针缝、卷边缝和锁边缝。可以回顾"三种基本针法"（第17页）的内容来复习如何缝出这些线迹。

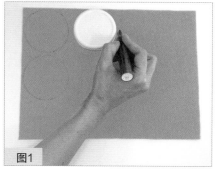

图1

实验材料

→ 不同颜色的毛毡布
→ 各种尺寸的罐头盖子
→ 记号笔
→ 剪刀
→ 安全别针
→ 手缝针
→ 钩针线
→ 珠针
→ 填充物
→ 胶水
→ 各种各样的纽扣

实验步骤

1. 用记号笔在不同颜色的毛毡布上沿着罐头盖子的边缘画圆，将这些圆剪下来。（图1）

2. 将两片圆形毛毡片用珠针固定在一起。线穿针后在末端打结，用平针缝针法沿着圆形布料的边缘缝线。当缝完大半圈只剩下2.5厘米的开口时，将线打结固定。（图2）

3. 从留出的开口处塞入一小撮填充物，让毛毡垫变得柔软蓬松，然后再把开口缝起来。（图3）

4. 用锁边缝或卷边缝针法以同样的方式再缝制几个毛毡垫。（图4、图5）

5. 装饰一下毛毡垫吧！在毛毡垫的一面缝上各式各样的纽扣，或者用胶水粘上不同形状的小毛毡片。（图6）

6. 若想把毛毡垫变成胸针，首先把安全别针打开，然后放在毛毡垫的反面，再剪一小条毛毡片，隔着别针粘在毛毡垫上，以此固定别针。佩戴毛毡胸针之前，先确保毛毡垫上的胶水已变干。（图7）。

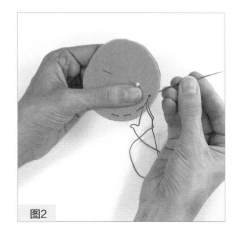

图2

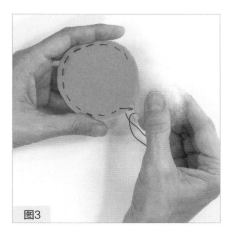

图3

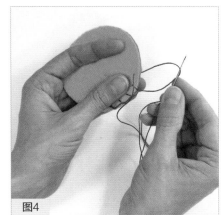

图4

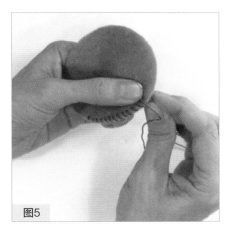

图5

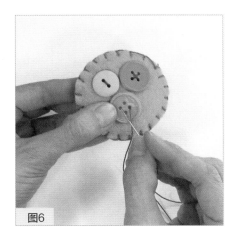

图6

图7

甜甜圈钥匙扣

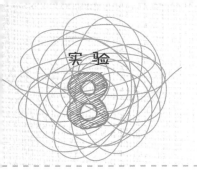

试着制作几个"甜甜圈"吧！在提升缝纫技巧的同时，可以多做几个不同尺寸的"甜甜圈"。若要制作可以挂在背包上的甜甜圈钥匙扣，可以在布料上沿着一个小的圆形物品（如罐头盖子）画圆。若要制作较大的甜甜圈形状的抱枕，则可以在布料上沿着餐盘画圆。

实验材料

→ 毛毡布（尺寸以可以裁剪出两个圆形为宜）

→ 另一种颜色的毛毡布（用来制作"甜甜圈"上的"糖霜"）

→ 剪刀

→ 用于画圆的餐盘（或罐头盖子）

→ 填充物

→ 手缝针

→ 钩针线

→ 珠针（可选）

→ 胶水

→ 3D织物立体颜料

制作小一点的甜甜圈挂饰，可以使用罐头盖子来画圆。剪下布料上的两个圆，用珠针固定在一起。（图1）

2. 线穿针后在末端打结。用卷边缝针法（参见第18页）将两片圆形毛毡缝起来。留下一个10厘米宽的开口，将线打结后固定。（图2）

实验步骤

1. 在毛毡布上画两个圆。要制作大的甜甜圈抱枕，就使用餐盘来画圆；要

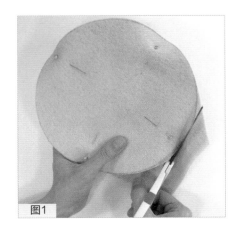
图1

图2

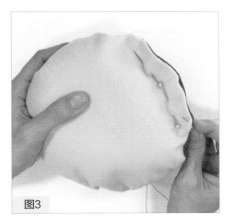
图3

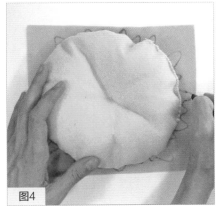
图4

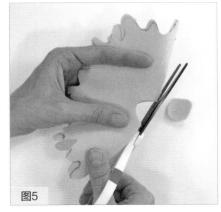
图5

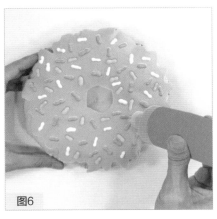
图6

3. 把缝合的圆片由内向外翻，这样可以隐藏线迹。放入填充物填满。用珠针把开口合在一起，再用卷边缝针法将开口缝起来。（图3）

4. 要制作"甜甜圈"中间的那个"洞"，就在圆片的中央缝几针，把两个圆片的中央区域缝在一起。

5. 要制作"糖霜"，先把缝好的"甜甜圈"放在其他不同颜色的毛毡布上，沿着边缘画一条波浪线。（图4）

6. 沿着波浪线剪下布片。将布片对折，用剪刀在对折线的中点处剪一个小开口，从这个小口把剪刀塞进去，再剪出一个小圆圈。（图5）

7. 用胶水将"糖霜"布片粘在"甜甜圈"的上面。试着制作不同大小、不同样式的"甜甜圈"吧！可以用3D织物立体颜料为作品添加更多的色彩和细节！（图6）

更多尝试

若要把"甜甜圈"做成钥匙扣，只需剪一块宽2.5厘米、长10厘米的布片，对折后缝到"甜甜圈"的一端，就制成了一个挂环。

花朵胸针

　　有时候，缝纫也可以用来改变布料的形状，缩缝针法就能收缩布料或者缩短布料的长度。这种技巧常常被用在服装的制作中，例如用于宽下摆女裙的收腰部位。制作本实验中的花朵，首先需要缝制一段长长的平针线迹，再把线拉紧以收缩布料，最后在花朵的反面加上一根别针，就可以当作胸针来佩戴啦！也可以把花朵缝在墨镜包（参见实验10）上作为装饰。

实验材料

→ 毛毡布（5厘米×20厘米）
→ 钩针线
→ 手缝针
→ 剪刀
→ 纽扣

实验步骤

1. 剪一段30厘米长的线，穿针后在线的末端打结。

2. 从布料的一角开始，把针穿过布料后拉出，直到线结将其卡住。（图1）

3. 沿着布料的一边缝制一条平行的平针线迹。前后针互相分开且针距要大。这种线迹叫疏缝

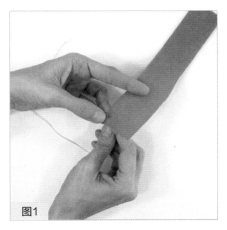  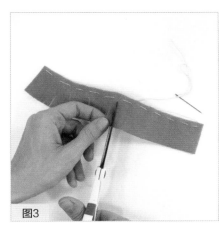

线迹。（图2）

4. 缝到布料的末端时，把针留在线上，在布料的底部剪出流苏。切记，不要剪到线迹。（图3）

5. 轻拉针上的线头使布料收缩。（图4）

6. 布料彻底收缩后会呈现出花朵的形状。将"花朵"的前端和后端捏在一起，用卷边缝针法缝合，完成后打结固定。（图5）

7. 放一粒纽扣在"花朵"的中间位置。从布料反面起针，将纽扣缝在"花朵"上，固定好。（图6）

8. 若想将此"花朵"作为胸针佩戴，只要再用一片毛毡条将安全别针固定在花朵的反面即可（参见实验7）。

墨镜包

本实验将介绍一种制作小布包的有趣方法。这个小包可以用作零钱包、墨镜包、手拿包，还可以有其他更多的用途！想要制作不同的布包，只需要改变主要部件的尺寸即可。制作这种布包时，要特别注意拎带的缝制位置。完成之后，试着缝上一些装饰性的布花朵（参见实验9）吧！

实验材料

- → 用于制作墨镜盒的毛毡布
  （18厘米×23厘米）
- → 用于制作带子的毛毡布（25
  厘米×2.5厘米）
- → 钩针线
- → 手缝针
- → 珠针
- → 剪刀
- → 纽扣
- → 实验9制作的布花朵（可选）

图1

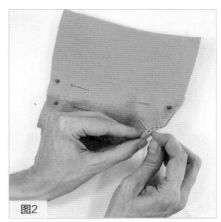

图2

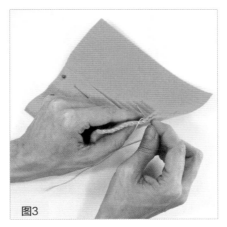

图3

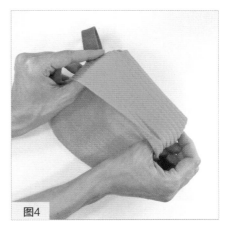

图4

实验步骤

1. 如图所示，将带子纵向对折，放在主布料的正面较长的那条边上，距离底部10厘米。（图1）

2. 将主布料的底部向上翻折7.6厘米，使用珠针固定。带子应该夹在两片布料中间。

3. 取一段30厘米长的线穿针，在线的末端打结。从布料的反面起针，用卷边缝针法将一边缝起来。（图2）

4. 继续缝，直到将两层布料的顶部缝合。缝制完成后，在较短的那一层布上打结固定缝线。在另一边，用同样的方式将两片布料缝起来。在缝有带子的那一边时，一定要确保将带子

的两端都缝进去。（图3）

5. 取下珠针，将缝好的毛毡布由内向外翻。翻面后，带子应该露在外面。（图4）

6. 可以在布包上添加一粒纽扣，把纽扣缝在距离布包的开口处2.5厘米的位置，再在布包的翻盖上对应的位置剪出一个扣眼。注意，扣眼尺寸要比纽扣稍小

一点。也可以在翻盖上缝几枚布花朵（参见实验9）用于装饰。现在，试着制作不同大小的布包吧！可以用它们来存放零钱、纸钞或其他宝贝物品。

抽绳袋

实验 11

在之前的缝纫实验中，使用的是不会散开的毛毡布，而本实验中的抽绳袋则是用棉质布料缝制而成的。纯棉印花布有许多奇妙又有趣的印花图案，试着从手工艺品商店里挑选几种，然后缝制不同的抽绳袋吧！也可以跟着实验36中的步骤创造出独一无二的布料。这些布袋用来收纳实验25中制作的解忧娃娃是再合适不过了。

实验材料

→ 纯棉印花布（15厘米×20厘米）
→ 绒线（30厘米长）
→ 手缝针
→ 绣线（或钩针线）
→ 剪刀
→ 粉笔（可选）
→ 珠针（可选）

实验步骤

1. 印花布料有两面，有印花的一面是正面。当然，有时候正面和反面很难辨认，所以最好用粉笔在反面做个标记。将这块长方形的布料反面朝上放在桌面上。在距离顶边1.3厘米的位置，将一根绒线横着放在布料上。（图1）

2. 将顶部的布料向下翻折盖过绒线，用珠针固定。（图2）

3. 裁一段30厘米长的钩针线（或绣线）。使用绣线会为布袋增添

图1

图2

图3

图4

图5

图6

一些色彩。如果使用绣线，要先将6股线一分为二，分成两根3股线（参见第13页）。

用线穿针后在末端打结。使用平针缝针法将向下折的布料边缘缝好。注意，缝的时候不要缝到绒线，要把绒线包在两块布料当中。（图3）

4. 取下固定用的珠针。再将布料对折，用珠针固定。注意，对折后布料的正面在内，反面在外。用卷边缝针法先缝合布料的底端，然后一路向上接着缝制另一边的开口。（图4）

5. 一直缝合到袋子的顶部，停在绒线的下方。将线打结以固定线迹。取下固定用的珠针，将袋子翻面，正面向外。（图5）

6. 将超出布袋的绒线在末端处打个单结，通过拉动绒线来闭合布袋的开口。如果作为抽绳的绒线太长，可以将多余的线剪掉。（图6）

实验 12

流苏小枕头

让我们继续提升缝纫技巧吧，试着用纯棉布料而非毛毡布来制作一个枕头！纯棉印花布的正面是有花纹的，而反面则没有，在开始缝纫之前，请一定要注意这一点。一个简单的方枕头，加上中间的纽扣和四角的流苏（参见实验23）后，也能漂亮得令人惊叹！

实验材料

→ 2块正方形的纯棉印花布（每块边长25厘米）
→ 珠针
→ 手缝针
→ 钩针线
→ 填充物
→ 纽扣（可选）
→ 流苏（可选，参见实验23）

实验步骤

1. 将两块布料正面相对叠在一起，用珠针固定。（图1）

图1

2. 线穿针后在末端打结。用卷边缝针法把3条边缝起来。（图2）

3. 取下珠针，将缝好的枕头向外翻出，这样做可以隐藏线迹。（图3）

4. 将足量的填充物塞进枕头里，要将每个角都塞满。用珠针固定枕头的开口，使其闭合。（图4）

5. 用卷边缝针法将枕头的开口缝合。（图5）

6. 若想为枕头增添一点装饰，可以在枕头的中央缝一粒纽扣。开始缝纫时，从枕头反面起针穿到正面，拉出针线，直到线结卡住，将针穿过纽扣孔，让纽扣顺着线滑下去，再缝上几针将纽扣固定在枕头上（参见第20页）。（图6）

7. 制作（参见实验23）或者购买4个绒线流苏。从枕头的反面起针穿到正面，拉出针线直到线结卡住。将针穿透流苏，让流苏顺着线滑下去，再缝上几针将流苏固定在枕头上。（图7）

图2

图3

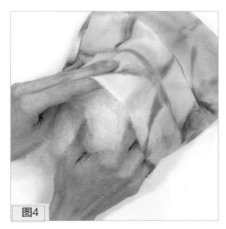

图4

图5

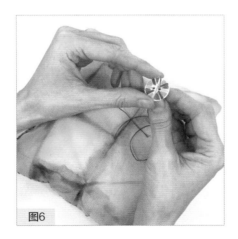

图6

图7

填充小怪物

填充小怪物的做法和小枕头类似（参见实验12），只需再加上一些细节，例如胳膊和腿，非常容易上手。还可以为每个玩偶设计独特的呆萌脸蛋和个性！

实验材料

→ 1块毛毡布（用于制作身体）

→ 不同颜色的纯棉布料或毛毡布（用于制作身体部件）

→ 剪刀

→ 珠针

→ 手缝针

→ 钩针线

→ 填充物（或塑料袋）

→ 胶水

→ 珠针（可选）

实验步骤

1. 将整块毛毡布对半剪开，用于制作小怪物身体的正面和反面。从另一块不同颜色的毛毡布上剪下4片布料（5厘米×5厘米），用于制作胳膊和腿。（图1）

2. 如图所示，将作为四肢的布料放在作为身体正面的布料上。（图2）

3. 再将作为身体反面的布料放在

图1

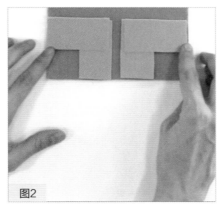

图2

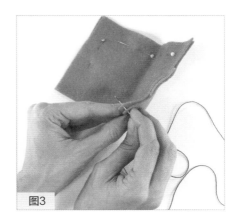

图3

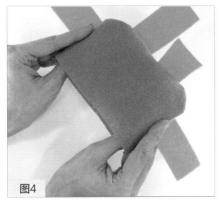

图4

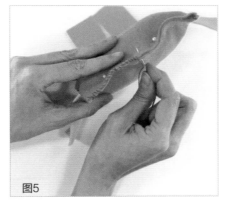

图5

图6

最上方，用两片"身体"布料把"四肢"布料夹在中间，用珠针固定。注意，不要用珠针固定顶部那条边。

线穿针后在末端打结。用卷边缝针法缝合两边和底边，留出顶部作为开口。在缝纫的时候，一定要将"四肢"的边缘都包进"身体"里。（图3）

4. 取下固定用的珠针，将"小怪物"的内面向外翻出来。（图4）

5. 用填充物将"小怪物"的身体填满，"身体"上的四个角都填充到位。将顶部的那条边用珠针固定，再用卷边缝针法缝合。（图5）

6. 在"四肢"的边缘剪出小缺口或波浪形状，作为手指或脚趾。用胶水将眼睛、嘴巴和牙齿之类的部件粘在"小怪物"的"身体"正面。（图6）

提示

塑料袋也可以作为一种绝好的填充物使用！

更多尝试

在缝制"小怪物"的身体前，可以试着先把五官的部件剪出来，再用缝纫的方式把它们固定在正面的"身体"布料上。

笔记本封套

用一个满是图画的笔记本来记录你的缝纫创意会非常有趣。如果这个本子是由你亲手设计和制作的，乐趣岂不是更翻倍？在本实验中，让我们为笔记本制作一个封套吧！

实验材料

→ 小笔记本
→ 手缝针
→ 钩针线（或已分成3股的绣线）
→ 晾衣夹
→ 珠针
→ 纯棉印花布（每条边至少比打开的笔记本长5厘米）
→ 珠针（可选）

实验步骤

1. 对折布料，把合拢的笔记本放在上面。如图所示，将笔记本的装订线与布料的中折线对齐。在布料敞开的边上画两条标记线，分别对齐笔记本的上缘和下缘。（图1）

2. 展开布料。按照标记线，将顶部的布料向下翻折，底部的布料向上翻折。再把笔记本放在布料上面，翻折后的布料的高度应该与笔记本的高度相近，比笔记本的

图1

图2

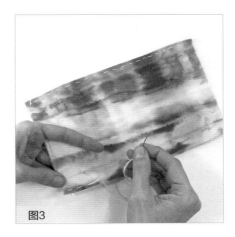

图3

图4

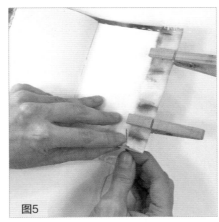

图5

上下边缘各多出6毫米。（图2）

3. 用珠针固定布料顶部和底部的边缘。线穿针后在末端打结。用平针缝针法缝边缘。（图3）

4. 布料反面朝上铺开在桌上，将打开的笔记本放在布料的中央。（图4）

5. 用布料包裹住笔记本的封面和封底，使用晾衣夹固定布料边缘。用卷边缝针法缝合布料边缘的重叠处，四个角的重叠处都要缝合。（图5）

更多尝试

可以用你在实验35或36中亲自设计的布料来制作笔记本或杂志的封套。还可以从毛毡布上剪下各种图形，用缝或粘的方式将其固定在封套上作为装饰。

布披萨

布披萨制作起来真是有趣极了，可以在每一块"披萨片"上撒上不同的"配料"。制作足够数量的"披萨片"，就能得到一个完整的"披萨"。大胆尝试制作一块具有独特风味的"披萨片"吧！

实验材料

→ 棕色（或褐色）的毛毡布（长方形为宜，用于制作披萨片）
→ 不同颜色的毛毡碎布（用于制作配料）
→ 粉笔
→ 剪刀
→ 钩针线
→ 手缝针
→ 胶水
→ 填充物
→ 珠针（可选）

实验步骤

1. 对折一块棕色（或褐色）的毛毡布，使毛毡布的两条短边合到一起。将布料上的中折线作为"披萨片"的一条边。如图所示，用粉笔从左下角出发到对边画一条线。再画一条曲线，用这条曲线将上一条线和中折线连接起来。（图1）

2. 用珠针固定对折的两层毛毡布，沿着粉笔画的线进行裁剪。

3. 剪下一段30厘米长的线，穿针后在末端打结。从"披萨片"的尖角开始，用卷边缝针法把侧边上的开口缝起来，缝完后打结收尾。（图2）

4. 把"披萨片"的内面向外翻，这样可以隐藏边缘的线迹。用填充物（或塑料袋）填充。如果使用塑料袋当填充物，捏"披萨片"的时候，里面的塑料袋会发出一种有趣的清脆声响。（图3）

5. 用珠针固定"披萨片"顶部的开口，然后用卷边缝针法缝合。（图4）

6. 想要为"披萨片"加上"酱汁"，先将"披萨片"放在一片红色的毛毡布上，用粉笔沿"披萨片"的边缘画线，然后在顶部弧线下方2.5厘米处画一条线，使"酱汁"形状稍小于"披萨片"，这样可以把"披萨片"的边缘露出来。沿着粉笔画的线剪下"酱汁"，再用胶水将"酱汁"粘到"披萨片"上。（图5）

7. 接下来，用毛毡布剪出各种"配料"：剪下黄色和白色的长条当作"芝士"，剪些圆形当作"意大利辣香肠"，用各种形状的布片当作"沙丁鱼、培根、菠萝、橄榄、蘑菇"等。甚至可以给"披萨片"配上一张搞笑滑稽的脸！用胶水把各种形状的小毛毡布粘在"酱汁"上。晾一个小时，直到胶水变干。（图6）

图1

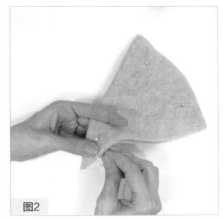
图2

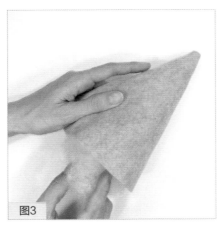
图3

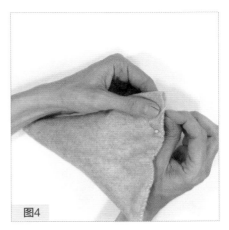
图4

图5

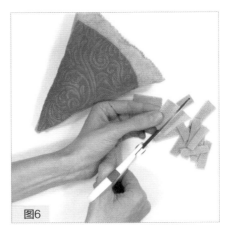
图6

提示

3D织物立体颜料使用起来非常有趣，可以用这种颜料为"披萨片"添加更多的"配料"和"调料"。注意，要晾上一夜，让颜料完全干透。

涂鸦小怪物

之前的实验都只用到了简单的形状，例如方形和圆形。现在，让我们试着创作一个拥有特别形状的小怪物吧，从手绘图样开始制作这个玩偶！

实验材料

→ 纸
→ 记号笔
→ 珠针
→ 实验36中制作的弹珠滚染布料
  （尺寸以足够剪出两片图样为宜）
→ 手缝针
→ 钩针线
→ 剪刀
→ 填充物（或塑料袋）
→ 毛毡碎布
→ 胶水

实验步骤

1. 伸出一只手，按在纸上，在手的外围画个圈，把这个图形当作小怪物的身体。（图1）

2. 画出从"身体"向外延伸出的"手臂"和"腿"。四肢也需要用填充物塞满，所以既不能太宽，也不能太细。从纸上剪下图形，用珠针把两块布料和纸样固定在

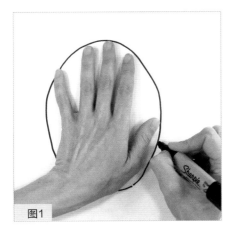

图1

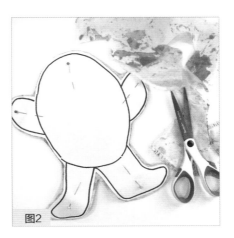

图2

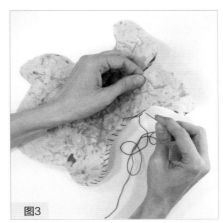

图3

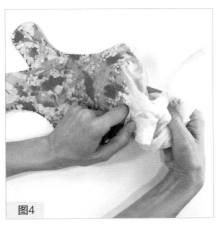

图4

图5

一起，沿着纸样裁剪出小怪物的"身体"（前后两块布料）。（图2）

3. 用30厘米长的线穿针，线尾打结。把两块布料以正面朝外反面朝内的方向叠在一起，用珠针固定。用卷边缝针法缝合边缘，留出一个7厘米的缺口，用于塞填充物。（图3）

4. 可以用填充物（或塑料袋）填充小怪物的"身体"。如果使用塑料袋作为填充物的话，揉捏的时候塑料袋会发出清脆的声响。将开口用珠针固定合拢，再用卷边缝针法缝合。（图4）

5. 从毛毡碎片上剪出各种形状作为五官部件，用胶水粘在小怪物的"身体"上。小怪物的脸看起来越滑稽越好！（图5）

怪物挂袋

贴布绣是将几块小布片缝在一块较大的布料上，以形成特定的图案。在本实验中，我们会用圆形布片当怪兽的眼睛，用三角形布片当怪兽的牙齿，再运用贴布绣的技巧把它们绣到挂袋上作为装饰。

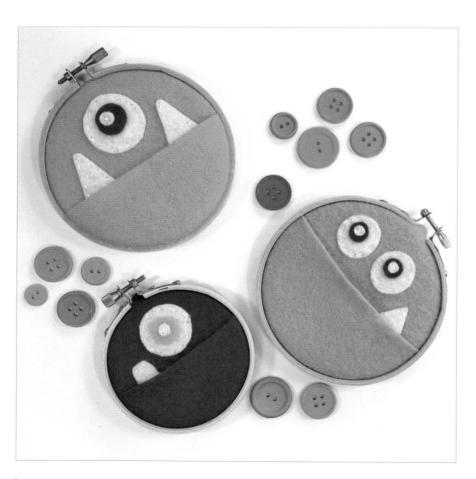

实验材料

→ 绣绷
→ 记号笔
→ 不同颜色的毛毡布
→ 手缝针
→ 白色钩针线
→ 剪刀

实验步骤

1. 沿着绣绷轮廓在一块毛毡布上画圆。用记号笔向远离绣绷的方向倾斜着画，可以画出比绣绷稍大的圆。剪下这个圆形。（图1）

2. 在同色或不同色的毛毡布上沿着绣绷轮廓画一个半圆作为口袋。这次画的半圆也要比绣绷稍大。剪下这个半圆。（图2）

3. 把绣绷拆开，内圈放在桌面上，将剪下的圆和半圆覆在上面。拧松外圈上的螺栓，将外

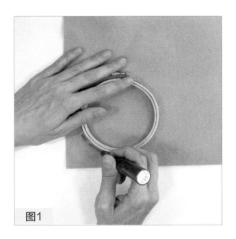

图1

图2

图3

图4

图5

圈罩在内圈上卡住，然后拧紧
螺栓。（图3）

4. 在毛毡布上剪出各种形状当眼
   睛、鼻子和牙齿。（图4）

5. 剪一段30厘米长的线，穿针后在
   末端打结。用平针缝针法把小
   怪物的五官缝上去。这种做法
   就是贴布绣。（图5）

猫头鹰袜子针垫

本实验的乐趣之一就是找到一只有酷炫花纹的袜子。这个用袜子做的针垫既可以当作装饰，又具有实用性，可以用在所有的缝纫实验里！自制的物件完全可以有实际用途，这个针垫的用途就是收纳珠针！

实验材料

→ 袜子
→ 剪刀
→ 手缝针
→ 钩针线
→ 不同颜色的毛毡碎布
→ 米（或填充物）
→ 纽扣
→ 珠针
→ 3D织布立体颜料（可选）

实验步骤

1. 取一只袜子，从脚趾和脚跟之间的部位剪开，剪出一个倒过来的"V"形。（图1）

2. 取被剪下的袜子的脚趾部位，用米（或填充物）填满。填充米会给袜子增加更多的重量，使其能保持直立。（图2）

3. 剪一段30厘米长的线，穿针后在末端打结。用珠针固定袜子上缘的开口，再用卷边缝针法缝合。（图3）

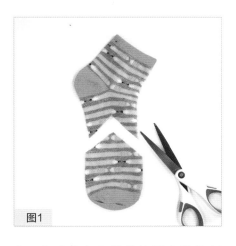

图1

图2

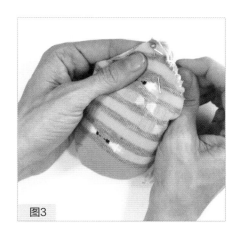

图3

4. 在毛毡布上沿着袜子上缘缝好的两边画线。画好的形状看起来应该像一个倒"V"。用一条水平线把"V"的两端连起来，画出一个倒三角形，剪下来。

5. 把袜子顶部"V"形的部分折下来。将三角形毛毡布的长边和袜子的折边重叠在一起，用珠针固定，然后用卷边缝针法把它们缝合起来。（图4）

6. 在三角形毛毡布上缝上纽扣，作为猫头鹰的眼睛。注意，针线要穿过每一层布料（参见第20页）。（图5）

7. 剪两块翅膀形状的毛毡布，用胶水（或针线）固定在猫头鹰的身体上。（图6）

8. 可以用3D织物立体颜料在猫头鹰身上画各种图案作为装饰。（图7）

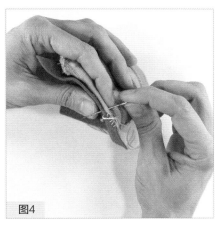

图4

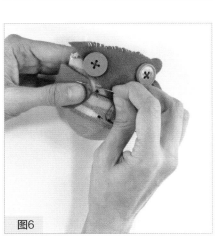

图5

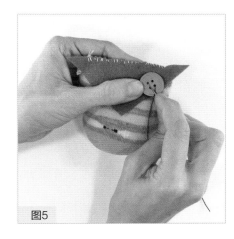

图6

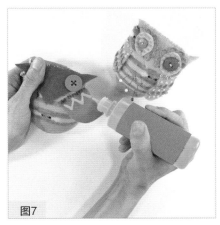

图7

猫鼠针垫

让我们来做一个猫咪或老鼠造型的针垫吧，把珠针插上去之后，看起来就像是猫咪或老鼠的胡须！从贴布绣到缝纽扣，你在之前的实验中已经学到了许多技巧，这些都会用在本实验中。对你来说这可能是个挑战，但你一定能顺利完成！

实验材料

→ 毛毡布（11.5厘米×19厘米）
→ 两种尺寸的纽扣
→ 不同颜色的毛毡碎布
→ 手缝针
→ 不同颜色的钩针线
→ 剪刀
→ 米
→ 粉笔

实验步骤

1. 剪一块长方形毛毡布（11.5厘米×19厘米），对折后剪开，作为猫脸的正反面。（图1）

2. 挑出大一点的纽扣作为猫眼。剪一块三角形或心形的毛毡布，作为猫咪的鼻子。将猫咪的五官部件放在猫脸正面的毛毡布上，用粉笔轻轻地标出它们的位置。

3. 剪一段25厘米长的线，穿针后在末端打结。把大一点的纽扣缝在粉笔标记的眼睛位置（参见第21页）。

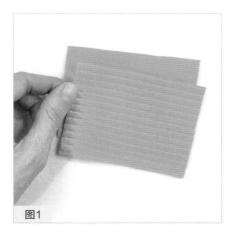

图1

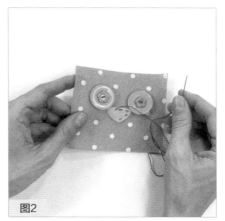

图2

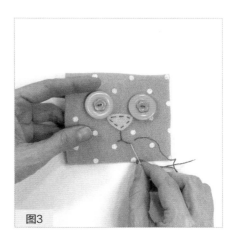

图3

图4

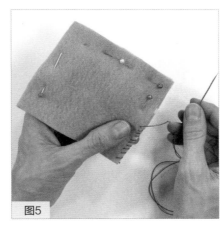

图5

4. 准备好缝制猫咪鼻子的针线。把作为鼻子的毛毡片放在对应的位置上。从毛毡布的反面起针穿到正面，用平针缝针法沿着鼻子的边缘缝线，针距要均匀（参见第18页），完成后在布料反面打结收尾。（图2）

5. 从鼻子的下端出发，用回针缝针法绣猫咪的嘴巴（两条弧线）。（图3、图6、图7、图8）

6. 在嘴巴线迹的末端缝上小一点的纽扣作为脸颊。（图9）

图6

图7

图8

图9

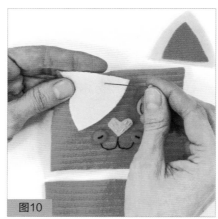

图10

7. 剪两组三角形（每组两片三角形，其中一片大些，另一片稍小）作为猫咪的两只耳朵。把作为猫耳正面的小三角形放在大三角形上，然后用珠针固定在猫脸的上缘，保持小三角向下，边线对齐。（图10）

8. 把作为猫脸的两块毛毡布正面向内相对叠起来，用珠针固定，把猫脸五官包进去。（图4、图11）

9. 剪一段30厘米长的线，穿针后在末端打结。用卷边缝针法把长方形猫脸的两个侧边和顶边都缝起来，底边则留作开口。（图5、图12）

图11

图12

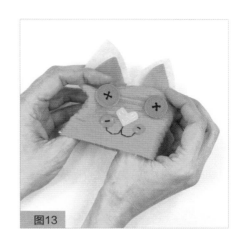

图13

10. 把缝合后的猫脸内面向外翻。角也要彻底翻出来，露出猫耳朵。（图13）

11. 用米填充，留出距离底边2.5厘米的空间以便缝合。（图14）

12. 用珠针合拢固定底边上的开口，再用卷边缝针法缝合。（图15）

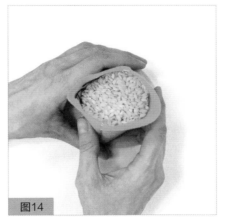

图14

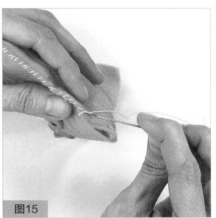

图15

更多尝试

用类似的方法制作老鼠针垫，只需要用小纽扣当作老鼠的嘴巴，去掉鼻子，把耳朵剪成圆形，再加上一根尾巴，就做成啦！

填充彩虹云

彩虹总在风雨后！填充彩虹云既可以当作小枕头，也可以当作一件有趣的墙壁挂饰。如果想把彩虹云悬挂起来，可以在顶端缝上一段线作为挂绳。把彩虹云挂在一个需要愉悦心情的地方吧！

实验材料

- → 各种彩色丝带（1.3厘米宽）
- → 白色的毛毡布
- → 钩针线
- → 手缝针
- → 剪刀
- → 填充物
- → 3D织物立体颜料（可选）
- → 纽扣（可选）

图1

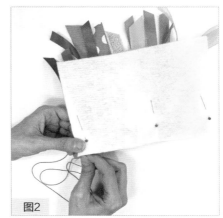

图2

实验步骤

1. 沿长边方向（从一条短边到另一条短边）将一块白色毛毡布剪成两半。将其中一块平放在桌面上。剪10~15条20厘米长的彩色丝带。如图所示，将丝带沿着毛毡布的长边排列，用珠针固定。（图1）

2. 将另一块毛毡布叠放在最上面，用两块毛毡布把丝带包在里面。裁一段30厘米长的线，穿针后在末端打结。用卷边缝针法把用珠针固定的那条顶边缝合。注意，要将两块毛毡布和一排丝带的顶边都缝进去。（图2、图3）

3. 取下珠针，翻折两块毛毡布，露出中间夹着的一排丝带。（图4）

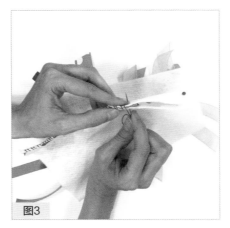

图3

图4

图5

图6

4. 如果想在云朵上缝出一张脸蛋，只需要在正面一层的毛毡布上缝制。可以用纽扣当作眼睛和脸颊，再用回针缝针法缝一条线迹，作为微笑的嘴巴。（图5）

5. 把两层毛毡布用珠针固定在一起。用粉笔沿着毛毡布的侧边和顶边画出云的轮廓。可以使用曲线，看起来效果会更好。（图6）

图7

图8

6. 沿粉笔画出的线条裁剪，再用珠针重新把彩虹云的前后两层布固定到一起。用一段30厘米长的线穿针，在线的末端打结。用卷边缝针法缝合开口，只留下一个7～8厘米的开口，用来塞入填充物。（图7）

7. 用填充物把彩虹云填满，曲线部分也塞满。缝合彩虹云的开口。（图8）

更多尝试

可以用3D织物立体颜料代替纽扣和缝线来绘制彩虹云的脸颊。不过，要等到最后一步才可以绘制脸颊，以免在制作的过程中触碰到颜料。

单 元

纤维艺术

所谓纤维艺术，就是用各种各样的纤维创造出的艺术！我们将以新颖且不寻常的方式探索各种纤维的使用方法，例如绒线、羊毛粗纱（或绵羊毛）和布料。在纤维艺术中不存在任何限制，各种新颖而奇特的创意都会在探索的过程中迸发！一捆绒线能变成绒线球或流苏吗？卷筒纸芯能被用来做成编织线轴吗？一块普通的布料能成为一件五颜六色的艺术品吗？在纤维艺术领域，这一切的答案都是肯定的。让我们用开放的心态来探索本单元中的实验，看看你能创造出怎样奇妙的纤维艺术杰作吧！

本单元中的部分实验会使用到基本的缝纫技巧，具体参见第16页。

绒线球

绒线球制作起来简单又有趣。只要一些绒线、一把剪刀，还有一小片硬纸板就能动手。多做几个绒线球吧，可以把它们串成项链，还可以添加到其他的纤维作品上，或像亮片一样随手一扔当作装饰！

实验材料

→ 绒线
→ 剪刀
→ 硬纸板（5厘米×7.5厘米）

实验步骤

1. 要制作大一些的绒线球，需要沿着硬纸板的长边绕线。要制作小一些的绒线球，则需要沿着硬纸板的短边绕线。开始前，先用大拇指将绒线的线头固定。（图1）

2. 将绒线绕在硬纸板上，确保在绕线时绒线是重叠起来的。绒线绕得越多，制成的绒线球就越蓬松。

3. 当绒线绕得足够多时，剪断绒线。

4. 将绒线轻轻地移出硬纸板。此时绒线团看上去就像一个大大的字母"O"。如果绒线散开了，重新做即可。（图2）

5. 剪一段15厘米长的绒线，将这段绒线放在绒线团的中央。（图3）

图1

图2

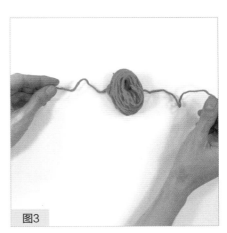
图3

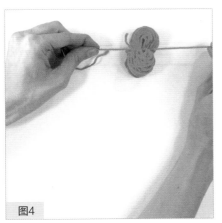
图4

图5

图6

6. 用这段绒线绑住绒线团，再打个结，越紧越好。再一次打个结，确保不会松开。（图4）

7. 如图所示，用剪刀滑入绒线团两端的线圈中，将其剪开。（图5）

8. 修剪绒线球的外观，让绒线球看起来更蓬松、饱满。（图6）

彩虹绒线球项链

既然有了一堆五颜六色的绒线球，为什么不试着做一条项链呢？绒线球项链可以用各种颜色的绒线球搭配起来，也可以按照彩虹的颜色来排列，就像下图中的这条一样！

实验材料

→ 绒线球若干，每个球对应一种彩虹的颜色
→ 弹力绳
→ 钝头大孔针
→ 珠子

实验步骤

1. 可以按照你喜欢的项链长度剪一段弹力绳，也可以和本实验一样，剪一段60厘米长的弹力绳。按照彩虹颜色的顺序或任意你想要的顺序排列绒线球。

2. 将弹力绳穿过钝头大孔针。再找准绒线球的中心，然后用针穿过。（图1）

3. 将绒线球按照彩虹颜色的顺序用针一个接一个地穿到弹力绳上。（图2）

4. 将绒线球聚集到弹力绳的中间位置。再在绒线球串的两边穿上珠子，直到把整根绳子都串满。（图3）

5. 将弹力绳的两端并拢打结，固定到一起。（图4）

图1

图2

图3

图4

实验
23

绒线流苏

就像绒线球一样，流苏制作起来也十分简单，它常被用于装饰缝纫制品（参见实验12）。可以试着用绣线来制作小一些的流苏，再用这些小流苏制作实验22中的项链！

实验材料

→ 1捆绒线（或用剩的绒线团）
→ 2根绒线（每根长25厘米）
→ 剪刀
→ 硬纸板（5厘米×7.5厘米）

实验步骤

1. 沿着硬纸板的长边固定住绒线的线头，将绒线绕着硬纸板绕圈。（图1）

2. 将绒线绕着硬纸板缠绕15～20圈。绕的次数越多，流苏就越饱满。完成后剪断绒线。（图2）

3. 小心翼翼地把绒线从硬纸板上滑下来。轻轻地展开绒线，可以看到一个"O"形的大开口。如果绒线散开了，重新做即可。在"O"形的顶端，穿进一根25

图1

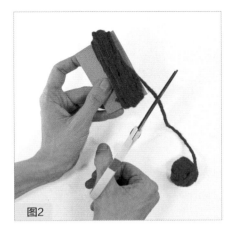

图2

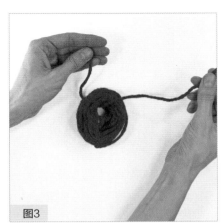

图3

图4

图5

厘米长的绒线，打结固定后当
作流苏的挂环。（图3）

4. 用另一根25厘米长的绒线环
   绕"O"形绒线团。在距离顶端
   2.5厘米处，拉紧绒线将绒线团
   绑住，再打两个单结。最后把
   线头修剪掉。（图4）

5. 将"O"形线团的底部剪开，修
   剪流苏。（图5）

心形绒线挂饰

为什么不试试用绒线来绕制一些东西呢？除了绕制房子里已有的物件，还可以制作一些其他形状的有趣物品，再把绒线和珠子添加上去作为装饰。在本实验中，让我们一起学习如何用扭扭棒来制作心形的支架，再用绒线包裹支架。一旦掌握了制作心形的诀窍，制作其他形状也就信手拈来了，例如星星、新月，甚至各种字母！

实验材料

→ 扭扭棒
→ 珠子（可选）
→ 绒线球（可选）
→ 不同颜色和质地的绒线
→ 木棍（或木棒，30厘米长）

实验步骤

1. 对折一根扭扭棒（图1），再将扭扭棒的尾端向中间弯曲，凹出一个心形造型。（图2）将两个尾端重叠并缠绕到一起，一个心形支架就做成了。（图3）

2. 开始用绒线绕制，先用绒线的一头绕扭扭棒支架缠几圈。不用打结，扭扭棒本身就能将绒线固定住。（图4）

图1

图2

图3

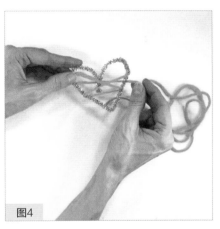

图4

图5

图6

3. 继续用绒线在心形支架上缠绕几圈。用力要柔和，以免心形支架变形。如果愿意的话，可以在绒线上穿一些珠子，它们会让这个挂饰更加闪亮！（图5）

4. 还可以在心形支架内部加一些小绒线球，用绒线把它们连同支架一起包裹起来。（图6）

5. 如果要把这件工艺品当作墙壁挂饰，可以用绒线缠绕包裹一根木棍（或木棒），用胶水固定绒线末端。然后，用不同长度的绒线将心形艺术品挂到木棍上，只需在这些艺术品的顶端加一段绒线作为挂绳即可。（图7）

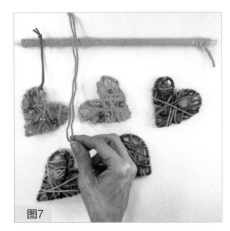

图7

实验
25

绒线解忧娃娃

传统的解忧娃娃起源于中美洲的危地马拉，是一种手工制作的玩偶，用金属丝、羊毛还有碎布制成，通常用来分担孩子的恐惧或担忧。据说，当孩子向娃娃说出他们的恐惧和担忧，把娃娃放在枕头下面，睡上一夜之后，娃娃就会带走孩子的担忧。在本实验中，我们会用一种非传统的方式——使用晾衣夹和绒线，来制作解忧娃娃。

实验材料

→ 木质晾衣夹
→ 不同颜色和长度的绒线
→ 扭扭棒
→ 布料
→ 胶水
→ 钝头大孔针
→ 油性记号笔

实验步骤

1. 将一根扭扭棒对半剪开，取一半用来做娃娃的手臂。将扭扭棒的中间部位绕晾衣夹一圈，在正面交叉固定。（图1）

2. 晾衣夹的顶部就是娃娃的头，其余是娃娃的躯干。将用来装饰躯干的绒线放在娃娃头部以下的位置，绕晾衣夹一圈后打个结。

（图2）

3. 然后用绒线绕圈把晾衣夹包起来，一直向下绕，直到扭扭棒的位置。用绒线沿着扭扭棒绕出一个"×"形，然后向外一直绕到扭扭棒的一个末端再绕回来，成为一条手臂，重复此步骤制作另一条手臂。继续用绒线绕晾衣夹，直到绒线绕到娃娃的腰部。（图3）

4. 剪断绒线，在绒线的末端滴一滴胶水并固定30秒。或者把绒线末端穿过大孔针，把针从绕好的绒线下穿过加以收尾固定。（图4）

5. 制作娃娃的裤子，先用另一种颜色的绒线在娃娃的腰部打两个结。用绒线缠绕包住一条腿后，剪断绒线并用胶水固定末端，或者像之前一样，用针穿过绕好的绒线来收尾固定。重复此步骤制作另一条腿。（图5）

6. 制作娃娃的头发，先在晾衣夹的顶端涂上胶水，再剪一些绒线放在晾衣夹的顶端，固定绒线30秒。用细头的记号笔在晾衣夹上画上娃娃的脸。再用小段绒线当作围巾，或用小绒线球当作娃娃衣服上的纽扣。（图6）

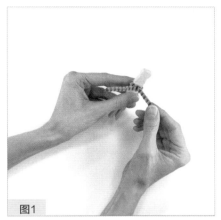

图1

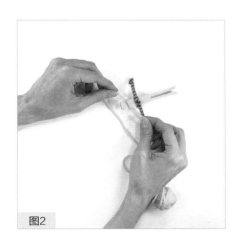

图2

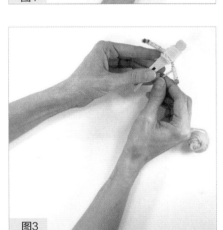

图3

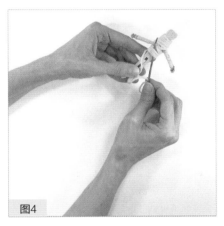

图4

图5

图6

穿短裙的解忧娃娃

让我们用小布片为解忧娃娃制作一条短裙吧！

实验材料

→ 木质晾衣夹
→ 绒线
→ 扭扭棒
→ 纯棉布片（用于制作短裙）
→ 胶水
→ 钝头大孔针 (可选)
→ 油性记号笔
→ 手缝针
→ 钩针线

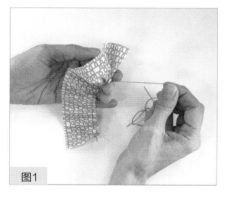

图1

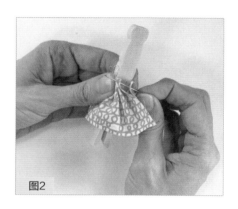

图2

图3

图4

实验步骤

1. 剪一块布片（20厘米×5厘米），用缩缝针法缝它的一条长边（参见实验9中步骤1～3的内容）。（图1）

2. 用布片包裹晾衣夹，将布片上的疏缝线迹拉紧后打结固定，将短裙的顶端固定在娃娃上。用卷边缝针法从上到下将裙子的两个窄边缝到一起，完成后打结收尾。（图2）

3. 为晾衣夹加上用扭扭棒做的手臂，再用绒线包裹娃娃的身体和手臂（参见实验25中步骤1～4的内容）。（图3）

4. 用胶水在晾衣夹上粘上用绒线做的头发、用绒线球做的帽子和衣服纽扣，再用记号笔画上鞋子和脸蛋！（图4）

柔软的挂毯

挂毯是用纤维制作的艺术品，可以挂在墙上作为装饰。传统挂毯上的图案是编织出来的，内容通常反映日常生活的场景或寓言故事的画面。而在本实验中，挂毯是由各种绒线和色彩组成的。试着加上一些绒线球（参见实验21），用它们为你的作品添加额外的触感和趣味。

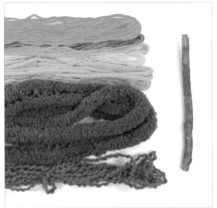

实验材料

→ 木棍（30厘米长）
→ 砂纸（可选）
→ 不同颜色的绒线（每根长50厘米）
→ 剪刀
→ 胶带
→ 硬纸板（可选）

图1

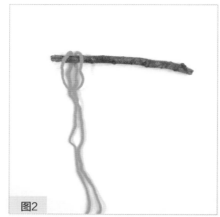

图2

图3

图4

图5

实验步骤

1. 找一根坚固的木棍。如果木棍表面比较粗糙，用砂纸轻轻地打磨。取不同颜色的漂亮绒线，每根剪成50厘米长。

2. 取一根绒线，对折后放在木棍的下方。（图1）

3. 将折叠产生的绒线线圈绕过木棍后叠放在两股绒线上。（图2）

4. 将两股绒线穿过线圈。（图3）

5. 拉住绒线的尾端，将线圈拉紧。（图4）

图6

图7

图8

6. 重复此步骤，直到木棍上挂满绒线。（图5）

7. 将一条胶带横放在一排绒线的尾端。沿着胶带将一排绒线的末端修剪整齐。（图6）

8. 如果想要将绒线的末端修剪成特定的形状，只需从硬纸板上裁下想要的形状，再用胶带固定在绒线的尾端，然后沿着纸板的下边缘裁剪即可。（图7）

9. 取下用于修剪末端的胶带（或硬纸板）。把一段绒线绑在棍子的两端当作挂绳，注意在绒线的每一头都要打两个单结以便更好地固定。（图8）

更多尝试

　若想为挂毯增添更多的装饰，可以在木棍的一端或两端添加绒线球。用绒线将绒线球绑在木棍上固定。

神之眼

"Ojos de Dios"是西班牙语"神之眼"的意思，最早起源于墨西哥土著惠乔尔人，"神之眼"具有守护、祝福的象征意义。这种编织物件用交叉的木棍制成，木棍的四个末端分别代表土、水、风、火。亲手制作"神之眼"充满了乐趣。当你掌握了如何使用冰棍棒来制作"神之眼"后，也可以试着用在户外找到的小木棒来制作。

实验材料

→ 冰棍棒
→ 胶水
→ 绒线

实验步骤

1. 在冰棍棒的中间位置滴一滴胶水，将另一根冰棍棒的中间位置叠放在胶水处，形成"十"字造型，等胶水晾干。（图1）将两根相连的冰棍棒转一个方向，变成"X"形状。把这个支架握在手里，然后用绒线缠绕中间的交叉点。留出一截2.5厘米长的线尾，用拇指固定住。（图2）

2. 将绒线直接绕过"X"，从支架反面绕回，再从上往下绕一圈。重复以上步骤，直至在交叉点出

现"X"形绒线线迹。（图3）

3. 现在来编织"神之眼"。按照以下方式将绒线缠绕在冰棍棒上：先将绒线绕到一根冰棍棒的反面，绕一圈，接着旋转"X"形支架，将线绕到另一根冰棍棒的反面，再绕一圈。（图4、图5）

4. 在收尾的时候，先剪断绒线，只留下一段10厘米长的线尾，将绒线松松地绕在一根冰棍棒上，造出一个线圈，将绒线的末端穿过线圈后拉紧。滴一滴胶水，将线头固定。（图6）

更多尝试：编织小乌龟

　　用扭扭棒代替冰棍棒，使用同样的技巧来制作一只编织小乌龟吧！只需在所有上述步骤完成后，弯曲扭扭棒的末端当作小乌龟的头、脚和尾巴。再将编织品的中间部位向上弯曲拱起来，以模仿龟壳的弧度。最后，别忘了为小乌龟添上一双眼睛！

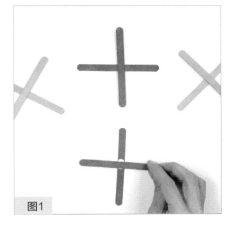

图1

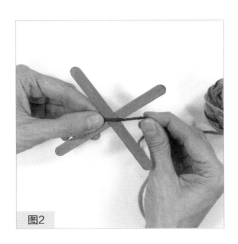

图2

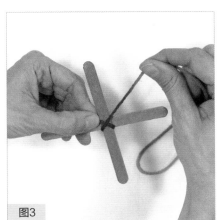

图3

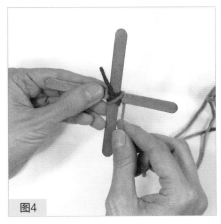

图4

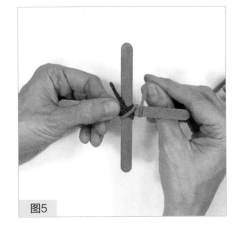

图5

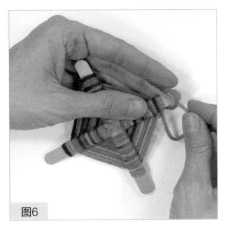

图6

绕线画

传统的绕线画是先将大头钉插在木板上，然后用线缠绕这些钉子来创造出图案，因此绕线画有时也被称为钉线艺术。在本实验中，我们将用硬纸板代替木板，用针和线来创造出漂亮的几何图案。

实验材料

→ 正方形硬纸板（边长20厘米）
→ 颜料和笔刷（可选）
→ 用于画圆的罐头盖子（或餐盘）
→ 图钉（或珠针）
→ 记号笔（或铅笔）
→ 钝头大孔针
→ 绒线
→ 胶带

实验步骤

1. 第一步先从回收硬纸板箱开始。试着在箱子上绘画，为绕线画的背景添加瑰丽的色彩，等颜料变干后，剪下一片正方形的硬纸板。在本实验中，正方形的边长为20厘米。（图1）

2. 在这块正方形硬纸板的反面，沿着盘子（或罐头盖子）画一个圆。这个圆越大，最后制成的绕线画图案也就越大。

图中的圆形直径为15厘米。从圆周向外画4条线，分别代表东、南、西、北4个方位。在每两条线的中间，再画一条线。（图2）

3. 在每两条线的中间，再画一条线，最终从圆周向外一共有16条间隔均匀的线。（图3）

4. 用图钉（或珠针）在每条线与圆周的交点处戳一个小孔，再用大孔针穿过这些小孔，将孔稍稍扩大。

放射式样的绕线画

1. 用绒线穿针，但不要打结。从画了圈的硬纸板反面起针，选择硬纸板上的任意孔洞，将针从孔洞处穿到纸板正面。在反面留一小截线头，用胶带固定。（图4）

2. 这个用胶带固定住的绒线穿过的孔洞就是所有放射线条的起始点。将针穿入起始孔右侧的第一个孔洞，待针线穿到硬纸板的反面后，将针再次从起始孔穿出，接下来再从起始孔右侧第二个孔洞穿入。每次都从起始孔穿到纸板正面，再按顺序从旁边的孔洞穿入纸板反面。（图5）

图1

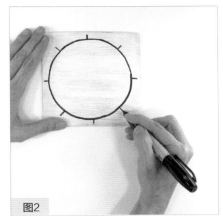

图2

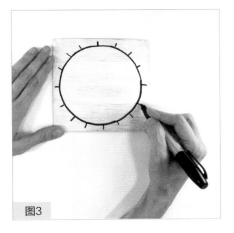

图3

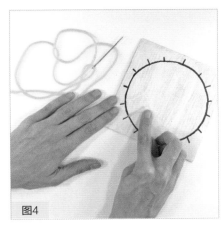

图4

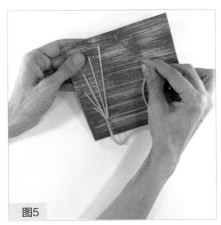

图5

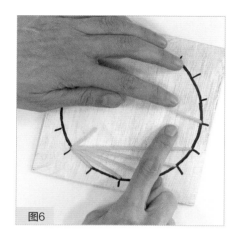

图6

图7

图8

3. 当绒线快用完时，将其末端用胶带固定在硬纸板的反面。再用一根新的绒线重新穿针，同样从硬纸板的反面起针，用胶带将新的线头固定在硬纸板反面。（图6）

4. 完成从起始孔到所有其余孔洞的绕线。（图7）

5. 要创造出球体视觉的图案，就要选择第一根绒线起始点正对面的孔洞作为新的起始点，并用不同颜色的绒线重复上述绕线步骤。（图8）

光谱式样的绕线画

1. 要创作出光谱的图案，需遵循与制作放射图案相同的一些步骤。从纸板反面起针，并将绒线头用胶带固定在反面。从选择的孔洞出发，绕制出放射状的线条，不过这次只绕6条线，而不是将所有孔洞全部绕完。（图9）

2. 绕完6条线后，剪断绒线，将线尾用胶带固定在纸板反面。用新的绒线重新穿针，从之前选择的起始孔右侧的第一个孔洞开始，

再次绕放射状的线条，同样绕6次。（图10）

3. 继续从下一个孔洞出发，绕6条线，直到完成整个图案。（图11）

翻滚方块式样的绕线画

1. 要制作翻滚方块的图案，从纸板反面起针，用胶带将线尾固定，将针穿过第一个孔洞直到卡住，按顺序数4个孔，将针穿入第四个孔洞，由此形成的一条线就是正方形的顶边。（图12）

2. 再按顺序数4个孔，将针穿过第四个孔洞，从纸板反面穿出后再回

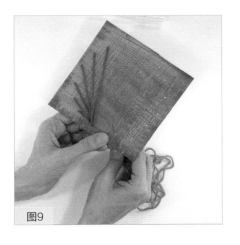

图9

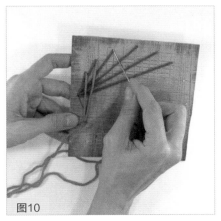

图10

图11

缝一针，即从上一个孔洞穿入。此时线迹会形成一个直角。绕制方形需要很多绒线，如果绒线太短不够绕，将线尾用胶带固定在纸板反面，重新穿线后继续。

3. 再次从纸板反面起针，将绒线从反面穿到正面。从线末端的孔开始，数4个孔，将针从第四个孔洞穿入。像步骤2那样，再数4个孔，在纸板反面将针从第四个孔洞穿出再回缝一针。现在，一个正方形绕制完成了。

4. 要制造出翻滚方块的视觉效果，需要按照相同的步骤，绕制另一个正方形。这一次，正方形的起始孔选择为上一个正方形起始孔左侧或右侧的一个孔洞。在本实验中，绕制出了4个不同方向的正方形。（图13）

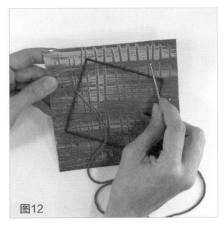

图12

图13

线轴编织

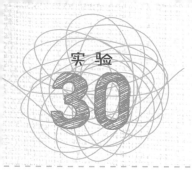

编织是将绒线织成纺织品或布料的方法，通常会用到两根棒针。绕着线轴编织既简单又有趣，是用来学习编织的好方法。在本实验中，你需要先用冰棍棒和卷筒纸芯制作一个简单的工具，即筒状的线轴编织管，然后用它来编织。

实验材料

→ 卷筒纸芯
→ 4根冰棍棒
→ 透明胶带
→ 绒线

实验步骤

1. 将一根冰棍棒用胶带固定在卷筒纸芯上，其顶部要比卷筒纸芯的顶端高出2.5厘米。（图1）

2. 将另一根冰棍棒用同样的方式固定在相对的位置上。在两根冰棍棒之间再对称地粘两根冰棍棒。（图2）

提示

如果透明胶带黏性不足，可以使用黏性更强的胶带（或胶水）。

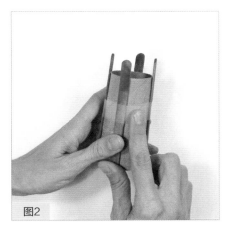

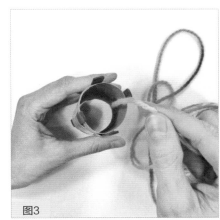

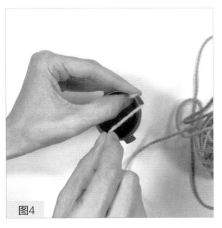

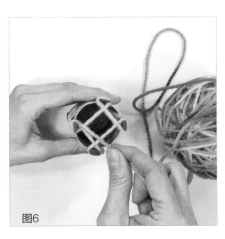

3. 将绒线的线头伸入编织管内，直到触及底部。（图3）

4. 用一只手的拇指按住绒线的线头，将其固定在编织管的内部，其他手指合拢包裹住编织管的外部。用另一只手将绒线绕编织管上的一根冰棍棒一圈。（图4）

5. 将绒线移到左侧的一根冰棍棒上绕一圈，接着再绕下一根冰棍棒一圈。（图5）

6. 继续绕下一根冰棍棒，重复此步骤，直到4根冰棍棒全部被绒线包裹住。（图6）

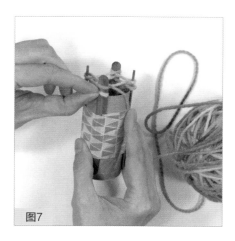

图7

图8

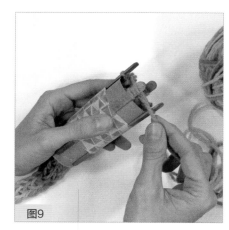

图9

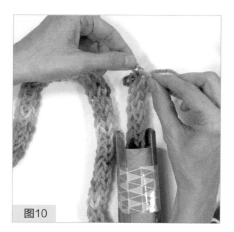

图10

7. 现在可以开始编织了！稍稍倾斜编织管。此时每根冰棍棒上应该有两个线圈，捏住底部的圈。（图7）

8. 将底部的圈拉起并高过整根冰棍棒，让其落入编织管的内部。这就是在编织了。（图8）

9. 在下一根冰棍棒上绕一圈绒线，捏住底部的线圈，将其从木棒上拉出，让其落入编织管的内部，不断重复此步骤。大概5分钟后，你的编织物就开始从编织管的底部出现了。（图9）

10. 当编织物长到足以制作一条腰带或头绳时，就可以把它从编织管上取下来了。先将编织管顶部的绒线剪断，留下一段15厘米长的线尾。将编织管末端的4个线圈拔出，再用绒线线尾穿过全部的线圈，最后拉紧打结。（图10）

提 示

编织管可以重复使用，制作出更多的围巾或腰带。想让你的编织作品更加多彩的话，可以尝试使用段染绒线。

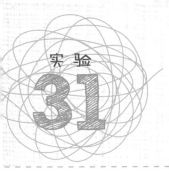
手指编织

现在你已经了解了线轴编织的基础知识（参见实验30），我们终于要试着用手来进行手指编织了！在本实验中，唯一需要的材料就是你的手指和绒线。你可以用多余的绒线来尝试一下这门有趣的手工艺。

实验材料

→ 粗绒线
→ 剪刀

实验步骤

1. 张开你的左手（如果你擅用左手，那就张开右手），将绒线缠在手上。留一段15厘米长的线尾，绕过食指将线尾垂到手背上。（图1）

图1

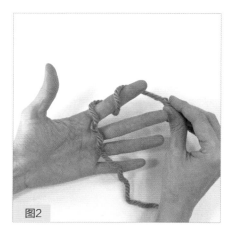

图2

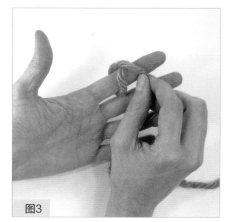

图3

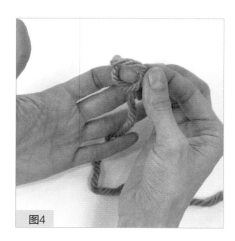

图4

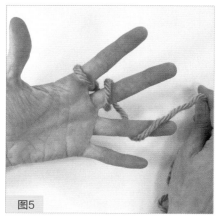

图5

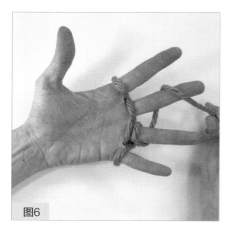

图6

2. 先绕食指系一个活结来固定绒线，然后开始编织。用绒线松松地绕食指两圈，让线头落到食指的后方。（图2）

● 将位于食指底部的线拉到上层线的上方。（图3）

● 再将位于下方的那个线圈拉过它上方的线，两根线之间就产生了一个开口，

将食指穿入这个开口，食指上的绒线就形成了一个活结，拉紧线，让线结位于食指后方。（图4）

3. 接下来，分别用绒线由下往上松松地依次缠绕中指、无名指和小指。（图5）

4. 再将绒线依次经无名指、中指、绕回食指，像之前一样，由下

往上缠绕每根手指。完成后，除了小指，每根手指上都应该有两个线圈"戒指"。（图6）

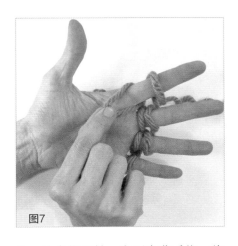

图7

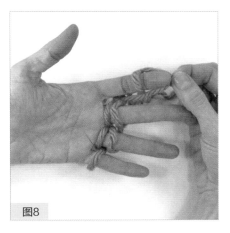

图8

图9

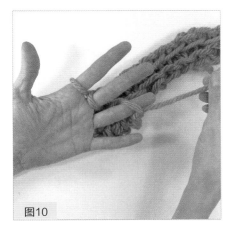

图10

5. 从食指开始，向下弯曲手指，将手指上位于底部的线圈拉出，在上下两个线圈之间制造出一个开口。（图7）

6. 向上拉线圈，将食指滑入开口中。（图8）

7. 再在中指和无名指上重复此步骤。跳过小指，因为小指上只有一个线圈。

8. 现在每根手指上又只剩下一个线圈啦，给它们加上第二个线圈，再重复上面的步骤。此时绒线应该出现在食指后方，将其由下往上依次绕过中指、无名指和食指。这次，只有食指上有一个线圈，其余3根手指上有两个线圈。

9. 重复步骤5和步骤6的动作，弯曲有两个线圈的手指，将手指

穿入开口中。接下来再用绒线缠绕其余的手指，不断重复上述步骤。在你的手指后方，编织物开始慢慢成形。

10. 当编织物长到可以取下来时，剪断绒线，只留一段15厘米长的线尾。（图9）

11. 将线尾穿入手指上的线圈，然后把绒线圈从手指上方拉出。（图10）

12. 再一次将线尾穿过4个线圈。将绒线从最后一个线圈中穿过，打结收尾。

湿毡工艺

天然毛毡是用羊毛条和水混合后经搅拌制成的。观察羊毛条，会发现它由小股的羊毛纤维组成。在显微镜下，这些单独的纤维上几乎没有倒钩伸出。然而，当这些纤维变湿并互相摩擦后，它们开始缩水并相互钩住，形成一块天然毛毡织物。天然毛毡可以被剪成各种形状，而且不会散开。尝试制作你自己的天然毛毡织物吧，把它们剪成各种形状后粘在贺卡上，或者悬挂起来当作装饰品。

实验材料

→ 不同颜色的羊毛条
→ 塑料自封袋
→ 水
→ 起泡皂液
→ 剪刀

实验步骤

1. 打开塑料自封袋，倒入3勺水，再加入3泵起泡皂液。封好袋子，用指尖揉搓塑料袋，使水和皂液充分混合。

2. 从羊毛条中轻轻拉出一束羊毛，就像吃棉花糖的时候一样。千万不要用剪刀剪，一定要用拉的方式。（图1）

3. 打开袋子，将羊毛放进袋子的一角，合上袋子。（图2）

图1

图2

图3

4. 用指尖揉搓袋子。皂液会让袋内更加顺滑，更容易搅动羊毛。如果羊毛粘在了袋壁上，就打开袋子，再次加入少量水和皂液。继续从袋子两侧揉搓5分钟。（图3）

5. 打开袋子，挤掉羊毛里的水分，再把它平放在袋子外面，晾上一夜，等待变干。（图4）

6. 待这块毛毡织物干了之后，就可以用剪刀将其剪成各种形状。可以用针线把这些毛毡片穿到绳子上悬挂起来，也可以将毛毡片粘在贺卡上送给朋友。（图5）

图4

图5

针毡亮片树

针毡法和湿毡法不同。针毡过程中并不使用水，羊毛中的纤维是借助特殊的针毡工具而互相粘在一起的。这个工具不但非常尖锐，而且还有倒钩，在使用的时候，一定要非常小心，手指要远离针毡垫。本实验的灵感来自艺术家古斯塔夫·克里姆特①及其代表画作《生命之树》（*Tree of Life*）。

实验材料

→ 不同颜色的羊毛条
→ 毛毡布
→ 绒线
→ 木签
→ 毛毡戳针
→ 针毡垫（泡沫垫）
→ 金色的3D织物立体颜料
→ 彩色的平底水钻（可选）

实验步骤

1. 先将一块毛毡布放到针毡垫上面。再像拉扯棉花糖那样，轻轻地从羊毛条中拉出小束的羊毛，将其放在毛毡布上（可以混合不同颜色的羊毛）。（图1）

2. 开始针毡的时候，先垂直握持毛毡戳针。上下移动，不停地戳刺羊毛。注意，千万不要戳到手指！（图2）

---

① 古斯塔夫·克里姆特（Gustauv Klimt，1862～1918）是奥地利知名的象征主义画家。（编者注）

图1

图2

图3

图4

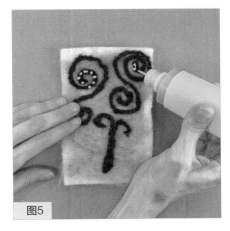

图5

图6

3. 彩色羊毛毡背景完成后，再将绒线放在上面，弯曲绒线，使其呈现出螺旋造型。（图3）

4. 用木签将绒线固定住。轻轻地将绒线刺入羊毛毡背景和下面的毛毡布中。这样做能够固定住绒线。如果对绒线图案感到不满意，只需轻轻地拉出绒线，然后重新尝试即可。（图4）

5. 用金色的3D织物立体颜料在用绒线拗出的"树干"和"树枝"上画点点。（图5）

6. 若想使这棵绒线树闪闪发亮，可以将彩色的平底水钻放在未干的3D织物立体颜料上固定。还可以用颜料在背景的空白处画上更多螺旋图案。将整个作品晾一夜，等待颜料变干。（图6）

针毡补丁

几乎所有布料的表面都可以进行针毡。这就意味着，你可以在毛衣和外套上用针毡的方式添加各种图案。在本实验中，我们将会设计出各种图案补丁，然后把它们缝到外套上去。注意，所有带有针毡品的布料都必须轻柔地手洗，不然羊毛纤维会发生湿毡反应，从而导致缩水！

实验材料

→ 正方形的毛毡布（边长7.5厘米）
→ 不同颜色的羊毛条
→ 针毡戳针
→ 粉笔（可选）
→ 绒线（非羊毛的也可以）
→ 木签
→ 针毡垫（泡沫垫）
→ 手缝针
→ 缝纫线
→ 外套（或其他布料）

实验步骤

1. 在毛毡布上画一个简单的图样。可以使用粉笔来画，这样即使有错误也能轻松擦除。（图1）

2. 就像拉出一束棉花糖那样，轻轻地拉出一束羊毛，千万不要使用剪刀剪羊毛条。（图2）

3. 在毛毡布上画图样，然后放在针毡垫上，再将羊毛覆在图样上。使用泡沫垫作为针毡垫可

图1

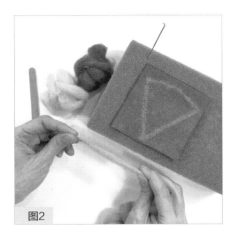

图2

图3

图4

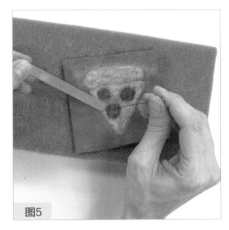

图5

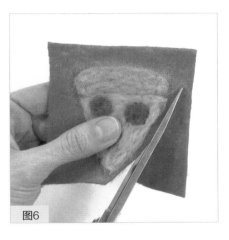

图6

以防止戳针在针毡的时候折断。用木签固定羊毛。（图3）

4. 为了将羊毛永久地固定在毛毡布上，用戳针不停地向下戳刺羊毛，把它刺入毛毡布中。这个过程就是针毡。确保戳针始终以垂直状态扎入羊毛和毛毡布中，这样可以将羊毛固定到位。如

果斜着戳针，针很容易折断。（图4）

5. 在针毡的时候，如果把手指放在垫子上有可能会导致戳针不慎戳到手指，千万不要这样做！使用木签来固定羊毛即可。（图5）

6. 绒线也可以用来针毡。在针毡前先不要裁剪绒线，用绒线沿图

样戳出图案后，再将线尾修剪整齐，并用戳针将线尾戳入背景布料中固定到位。（图6）

图7

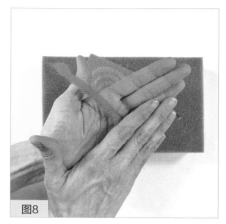

图8

图9

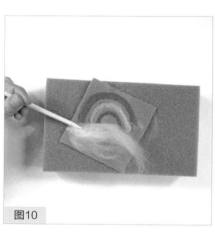

图10

7. 想要在图案上添加点状图形的话，可以先用手指将一小撮羊毛搓成一个小球，放在图样上，用木签固定，再用戳针将其戳入背景布料中进行固定。（图7）

彩虹图案的针毡补丁

1. 先用手将一束羊毛搓成长条。（图8）

2. 将这束羊毛用针毡法固定到毛毡布上。（图9）

3. 继续添加其他颜色的羊毛长条。在底部用白色的羊毛做出一朵云的形状，用针毡法固定到位。（图10）

缝制补丁

1. 完成用针戳制作的毛毡补丁后，将其剪下。注意在毛毡布周围留出6～7毫米的边缘，将这块补丁缝在外套上的时候，这个空隙就是留给缝线用的。（图11）

2. 线穿针后打结。用卷边缝针法将补丁缝到外套上。（图12）

3. 沿着补丁的轮廓缝一圈，完成后将针穿到布料反面打结收尾。（图13、图14）

图11

图12

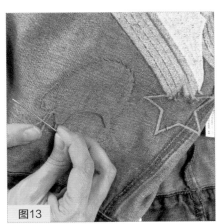

图13

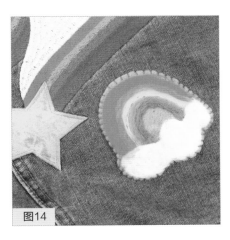

图14

实验 35

多彩绞染

绞染是一种染布工艺，传统的绞染是将布捆绑、折叠后用靛蓝或深蓝的染料染色。捆绑折叠布料的方式有许多种，绞染的乐趣就在于探索各种不同的技巧。在本实验中，我们会用油性记号笔以及酒精代替靛蓝颜料，来改变平纹细布的颜色。

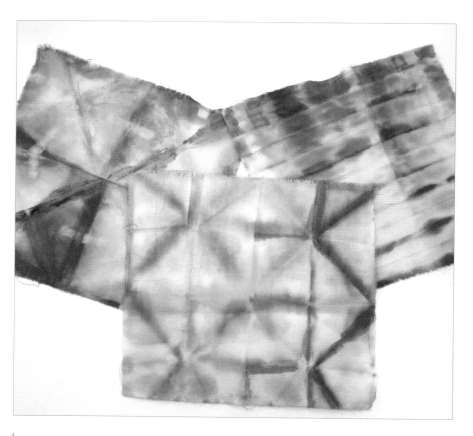

实验材料

→ 油性记号笔
→ 70%浓度酒精
→ 小碗
→ 晾衣夹
→ 塑料袋
→ 平纹细布（或T恤面料，剪成20厘米×25厘米的正方形）

实验步骤

1. 沿布料纵向对折，再对折。（图1）

2. 如图所示，在布料顶部折出一个三角形。继续向前、向后折出三角形，直到折完整块布料。（图2）

3. 用晾衣夹固定折叠好的布料。（图3）

4. 用油性记号笔在布料的边缘上色。上的颜色越多，染色的效果越好。试着把记号笔的笔头静置在布料上，让颜料从笔尖流入布料中。（图4）

图1

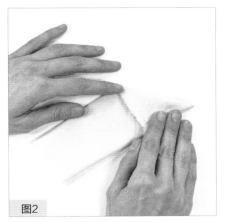
图2

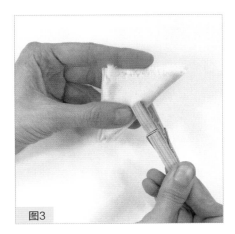
图3

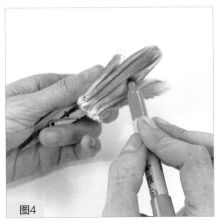
图4

图5

图6

5. 将酒精倒入一个小碗里，用晾衣夹夹住布料后浸入酒精中。让布料的每条边都浅浅地受酒精浸润，直到布料彻底变湿。（图5）

6. 把布料放在塑料袋上，维持原状，晾一夜，待其变干。等布料彻底干透后，取下晾衣夹，将布料完全展开。（图6）

更多尝试

尝试用不同的方法折叠布料。试试看，用折纸的方法来折叠布料，再加上各种各样的颜色，制造出不同的染色效果。在打开绞染布料的一瞬间，你总能收获无穷的惊喜！

弹珠滚染

现成的印花布料很漂亮，不过有时候，创造出其他人都没有的原创图案会更棒。本实验中制作的布料可以用在包括实验11在内的许多缝纫项目中。

实验材料

→ 平纹细布（或旧衬衣以及任意类型的浅色布料）

→ 胶带

→ 装水的喷壶

→ 丙烯颜料（或油画颜料）

→ 纸箱盖子（或披萨盒）

→ 玻璃弹珠（或木珠）

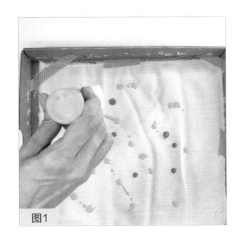

图1

图2

实验步骤

1. 剪裁布料，使其恰好能放入浅浅的纸盒（如纸箱盖子）中。用胶带固定布料的四角和边缘，使其在盒中平整地铺开。也可以使用干净的披萨盒，效果很不错。

2. 稀释颜料或者往颜料里稍微倒点水。如果颜料在布料上涂得太厚，缝制的时候，针就很难穿过布料。

3. 将水轻轻地喷洒在布料上，再随机滴上几滴颜料。（图1）

4. 往盒子里放几颗玻璃弹珠（或木珠）。倾斜并晃动盒子，让弹珠沾上颜料，在盒子里来回滚动。

5. 当你对布料上的图案感到满意时，就可以停止滚动弹珠。取出弹珠，等布料变干。再从盒中取出布料，将它用于各种缝纫项目中。（图2）

4

编织工艺

编织会涉及经线和纬线，这可能有点令人困惑，不过到本单元的末尾，你会搞懂这一切的。只要记住，编织就是用一根纤维不断地上下移动穿过其他纤维，以及编织都是在织机上完成的。

在本单元的实验中，你会见到不同形状、不同尺寸的织机，从一个小盘子到几根吸管，各种各样！编织的时候，你将看到单股的纤维如何结合在一起，神奇地变成三维结构，好好享受这个过程吧！

编织绒线垫

让我们以这个简单的绒线垫为例来学习编织的基础知识吧！首先，我们会用硬纸板简单地制作一个织机。织机上固定着的垂直的线就是经线，而用来编织的水平的线，就是纬线。记住，编织的模式总是用纬线上上下下地穿过经线。

实验材料

→ 硬纸板（13厘米×18厘米）
→ 直尺（或卷尺）
→ 剪刀
→ 铅笔（或记号笔）
→ 用作织机上经线的纯色绒线
→ 2根宽冰棍棒
→ 用作纬线的绒线（每根20厘米长）
→ 胶带

实验步骤

1. 用直尺（或卷尺）在硬纸板的两个短边上每隔1.3厘米画标记线，在纸板的顶部和底部分别画出10条标记线。用剪刀在每条线上剪一个6毫米长的小口，作为固定绒线的凹槽。（图1）

2. 现在，织机做好了，该给织机上经线了。"上经线"的意思是将

图1

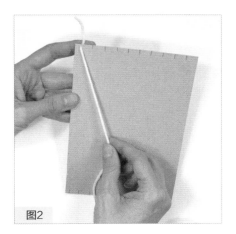

图2

图3

图4

图5

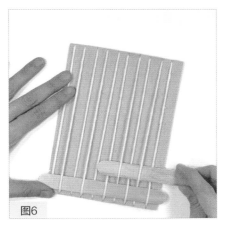

图6

绒线缠在织机上。先将绒线的线头嵌入织机顶部的一个凹槽里。在织机反面留一小段线头并用胶带固定。其余的绒线则放在正面。（图2）

3. 将绒线直接往下拉，再嵌入底部上对应的凹槽里。（图3）

4. 将绒线从织机反面绕过来，嵌入相邻的凹槽里，这样绒线又回到了正面。如图所示，将

绒线再直接拉到顶部，卡入凹槽。（图4）

5. 继续给织机上经线，直到绒线填满所有的上下凹槽。现在，织机看上去应该像一架竖琴。将绒线的末尾剪断并用胶带固定在织机的反面。（图5）
织机的反面不应有竖琴琴弦一样的线段，而只有连接凹槽的小线段。

6. 现在，要开始编织了。所谓编织，就是用纬线上下穿越经线的过程。这里还需要2根宽冰棍棒作为辅助，用一根宽冰棍棒插入织机，先从上方穿过一根经线，再从下方穿过另一根；另一根宽冰棍棒采取与第一根相反的方式插入。其实这也是绒线编织的方式。（图6）

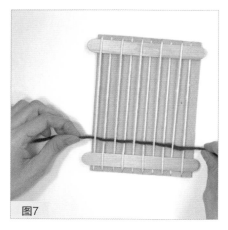

图7

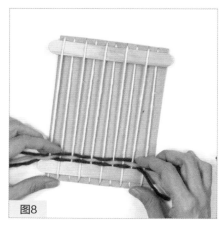

图8

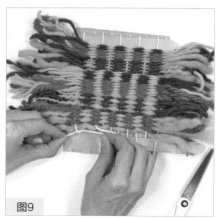

图9

图10

7. 将一根冰棍棒推到织机底部，另一根推到织机顶部。取一根绒线来编织，编织的方法要和冰棍棒插入织机的方式相反。（图7）

8. 再取一根绒线，用和前一根相反的方式将其编入织机中。用手指将绒线向下压到底部的冰棍棒上。（图8）

9. 当绒线编织到顶部的冰棍棒时，就该把织物从硬纸板织机上拿下来了。记住，这一步要非常小心！先将位于底部的冰棍棒轻轻滑出，一次只滑过两根经线，同时从织机一端的凹槽上拔出卡住的两根经线，剪断经线，每个线头上分别打两个单结。（图9）

10. 一端的经线全部剪断并打结后，在另一端重复相同的步骤。修剪左右两侧的绒线线尾，使其均匀整齐。（图10）

更多尝试

如果用细彩带代替绒线来编织，就会得到一块新颖的丝带垫子。

实 验

编织绒线篮

编织并不总是用绒线在一个平面的织机上编织。只要运用想象力，任何东西都能成为织机！让我们尝试用纸盒或者纸杯来编织一个篮子吧！

实验步骤

1. 将一根绒线嵌在纸盒顶部波浪形边缘的一个凹槽里。用胶带将绒线线头固定在盒子内侧。（图1）

实验材料

→ 带波浪形边缘的硬纸板（或其他结实的纸盒、容器）

→ 剪刀

→ 胶带

→ 用作织机上经线的绒线

→ 用作纬线的绒线（剪成各种长度）

→ 不同长度和宽度的彩带（可选）

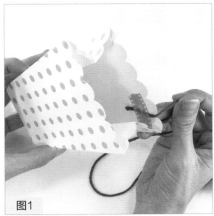

图1

提示

如果纸盒顶部的边缘不是波浪形的，可以沿着顶部边缘，每隔1.3厘米剪出一个小口作为凹槽。

图2

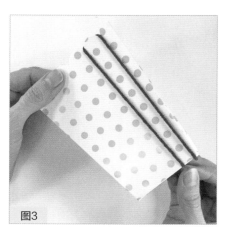

图3

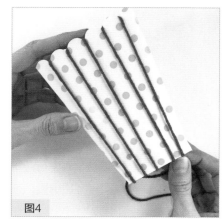

图4

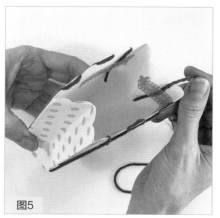

图5

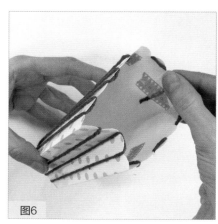

图6

2. 在纸盒表面上经线，要将绒线从
    纸盒的顶部凹槽往下拉，越过底
    部，从另一面拉上去，再将绒线
    嵌进与第一个凹槽正对的另一个
    顶部凹槽里。（图2）

3. 将绒线嵌进相邻的凹槽里（位于
    同一条边上），然后将绒线拉
    向底部，越过底部，从另一面
    拉上去，再嵌进正对的另一个
    顶部凹槽里。（图3）

4. 继续用这种方式给纸盒缠上经
    线，直到纸盒的前后两个面都
    被垂直的经线缠满。（图4）

图7

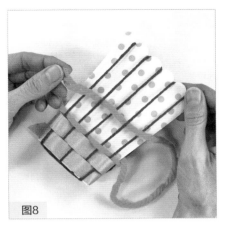

图8

图9

5. 剪断绒线，用胶带将线尾固定在纸盒内侧。（图5）

6. 现在该给纸盒的侧面上经线啦。上经线的方式和之前一样。在开始的时候，用胶带将绒线线头固定在纸盒内侧。

7. 继续此步骤，直到纸盒的两个侧面也都上好了经线。剪断绒线，并用胶带将线尾固定在纸盒内侧。（图6）

8. 现在可以开始编织了。使用彩带（或绒线和其他材料）作为纬线，上上下下穿过经线。（图7）

9. 随着编织的进程旋转纸盒。确保每根作为纬线的绒线（或彩带）在穿越经线的时候采用的方式都与前一根相反。（图8）

10. 如果要添加一根新的绒线（或彩带）作为纬线，只需把原来的那根留一截尾巴露在编织物的外边，再将新的一根从上一根结束的地方接上。（图9）一直重复这个编织过程，直至编到纸盒的顶部。

更多尝试

也可以用一个纸杯当作织机，只需在杯子的顶部每隔1.3厘米剪出一个凹槽，再按照前述步骤操作即可。唯一不同的是，在上经线的时候，只需要用到一根线。不断地用线填满纸杯上所有的凹槽，然后剪断线并用胶带固定在杯子的内侧。接着像在纸盒上编织那样，将用作纬线的绒线（或彩带）编织上去。

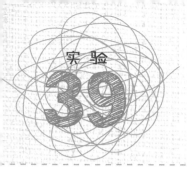

编织绒线袋

让我们尝试编织袋子吧！本实验的开始步骤和实验37一样，需要先制作一个硬纸板织机。只不过这次，要环绕着织机进行编织，而最后得到的成品将会是一个口袋。

实验材料

→ 硬纸板（11.5厘米×18厘米）

→ 直尺（或卷尺）

→ 用作织机上经线的绒线（或彩带）

→ 用作纬线的绒线（每根长30厘米）

→ 剪刀

→ 胶带

→ 钝头大孔针

→ 纽扣（可选）

实验步骤

1. 参见实验37，用直尺（或卷尺）在硬纸板的两个短边上每隔1.3厘米画标记线。在顶部和底部各画出8条线。沿线剪出凹槽。（图1）

2. 现在可以开始给织机上经线了。和实验37不同，这个织机的正反两面都要上经线。将经线的一头嵌进顶部一角的凹槽里，用胶带固定。将绒线往下拉并嵌入底部

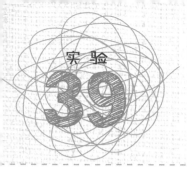

图1

图2

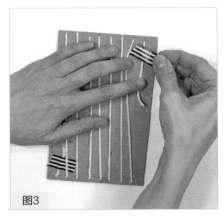

图3

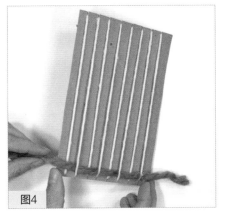

图4

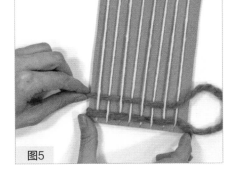

图5

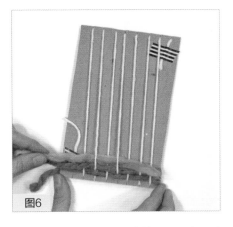

图6

对应的凹槽里。（图2）

3. 将线拉到硬纸板的反面，向上拉到顶部，嵌入相邻的凹槽里。然后将线往下拉到底部，重复之前的操作。结束后，无论是从正面还是反面看，织机都像是一架竖琴。剪断线，用胶带固定线尾。（图3）

4. 将每根用作纬线的绒线裁成30厘米长，穿在大孔针上。从织机的底部开始编织，将绒线上下穿过织机上垂直的经线。不断编织绒线直到只剩一段5厘米长的线尾悬在织机外。这段线尾将会在稍后固定。

当编织到一排经线的末端时，将织机翻转过来，然后在织机的反面继续上下编织。（图4）

5. 完成织机反面的编织后，再次将织机翻到正面。在编织的过程中，注意当前编织的纬线始终要与前一根纬线保持相反的插入方式。即前一根纬线以上下上下的方式依次穿过经线，后一根纬线就以下上下上的方式依次穿过经线。（图5）

6. 继续编织，直到这根当作纬线的绒线用完。用另一根新绒线穿过大孔针，用与上一根绒线最后插入经线相同的方式重新开始编织，这样前后两根绒线就有了重叠部分，用这种方式来固定上一根绒线的线尾。（图6）

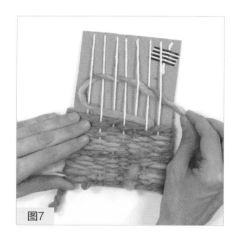

图7

图8

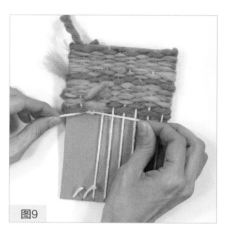

图9

7. 继续环绕织机进行编织，根据需要添加更多的绒线作为纬线，直到编织的口袋达到想要的高度。之后就可以开始编织翻盖了。制作翻盖的时候，只在织机的一面上编织。当用作纬线的绒线到达经线的末端时，不要翻转织机，直接将绒线掉头，继续在同一面上编织。（图7）

提示

可以使用不同颜色的绒线编织口袋的翻盖！

8. 继续在织机的正面来回编织，制作翻盖。当翻盖的长度达到6.5～7.5厘米时，将大孔针向下穿入纬线中，然后从针上取下绒线。（图8）

9. 从靠近织机顶部的位置开始，每次只剪断两根经线，在织机正反两面分别用这两根经线打两个单结，用这种方式从织机上取下编织物。（图9）

10. 继续每次剪断两根经线，并在
织机的正反两面用这两根线打
两个单结。最后可能会有一根
经线落单，将它系在之前已经
打了结的其他经线上即可。
（图10）

11. 将编织物从织机上取下来。编
织物会在取下来的过程中外翻
出来。不用在意内外翻转，这
样正好可以将所有的线结隐藏
在编织物的内侧。（图11）

12. 如果想在这个编织袋上加纽扣，
可以先将翻盖打开，在袋子的
正面缝上一颗纽扣，纽扣应该
缝在能被翻盖覆盖到的位置。
注意，缝纽扣的时候千万不要
将袋子的正面和反面缝到一
起，不然就没有办法在里面放
东西啦！（图12）

13. 将翻盖上的纬线拨开一个开口
作为纽扣的扣眼，再将纽扣从
这个开口里钻过去就扣上了。
（图13）

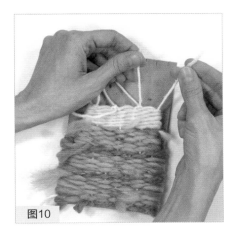
图10

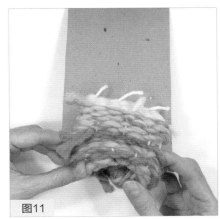
图11

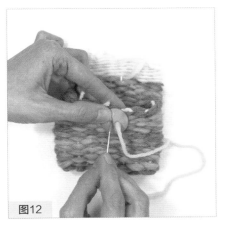
图12

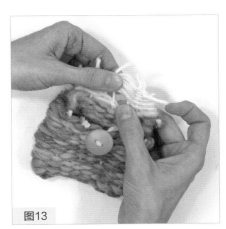
图13

圆形编织

用圆形织机进行编织和之前的编织实验有所不同。在本实验中，织机是圆形的。然而，就像所有的编织那样，编织的模式并没有变化，一样是用纬线上上下下穿过经线。记住这一点，你就会发现圆形织机编织是多么有趣而简单。

实验材料

→ 结实的小纸盘
→ 颜料
→ 笔刷
→ 用作织机上经线的绒线（1.2米长）
→ 用作纬线的绒线
→ 直尺（或卷尺）
→ 剪刀
→ 胶带
→ 绒线球（可选）

实验步骤

1. 所有的编织品都是用织机织成的。本实验使用的织机是一个纸盘。在将纸盘制作成织机前，先在纸盘的正面用颜料画上各种图案作为装饰，然后将颜料晾干。（图1）

2. 在纸盘的反面，用直尺（或卷尺）沿着纸盘的边缘测量，每隔5厘米画一条线作为标记。在

　　图中使用的纸盘直径为20厘米，当然任何尺寸的纸盘都可以使用，只要在纸盘的边缘上以等分的方式剪出11个凹槽即可。

图1

图2

纸盘的边缘上一共标出11条标记线。（图2）

3. 在纸盘的反面，将1.2米长的绒线嵌入边缘上的任意一个凹槽里，只留一小段线尾并用胶带固定。将纸盘翻到正面，轻拉绒线，把它嵌入起始凹槽对面的那个凹槽里。（图3）

4. 数一数纸盘两侧的空凹槽数，哪一侧的凹槽多，绒线就往哪一侧方向去。绒线从反面嵌入相邻的凹槽里，再拉回到正面。（图4）

5. 将绒线拉到纸盘织机的顶部，再卡入顶部上旁边的凹槽里。此时，织机上应该出现了一个窄窄的"X"形状。（图5）

6. 再一次，将绒线由后向前嵌入旁边的凹槽里，然后将线拉到织机的另一端。（图6）

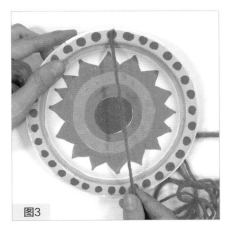

图3

图4

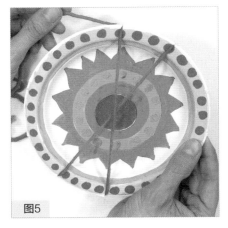

图5

图6

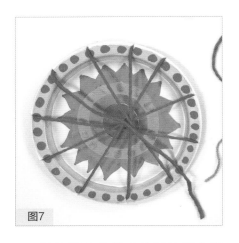

图7

图8

图9

7. 继续按这种模式将绒线嵌在凹槽里，直到纸盘上交错的绒线看起来像是自行车的辐条。此时，纸盘上的空凹槽已经全部被填满。这些绒线就是后续编织的基础，即经线。（图7）

8. 现在，织机做好了。将不同颜色的绒线当作纬线，以上下穿

越经线的方式，一圈一圈编织上去。开始时，将绒线放在一根辐条的下面，再从上方穿过下一根辐条。用这种上下穿越的方法一路绕着纸盘编织。注意，在编织的时候要拉紧绒线。（图8）

9. 加入更多的绒线继续编织，直到编织物达到你想要的宽度。剪断绒线，将线头系在一根辐条上固定。（图9）

10. 在纸盘反面用胶带粘上一根绒线当作挂绳用来悬挂，还可以在纸盘底部添加一些绒线球作为装饰品。

提示

如果想用不同颜色的绒线当作编织线（纬线），只需剪断第一根绒线，再将新绒线与第一根绒线以打结的方式连接到一起即可。

画框编织

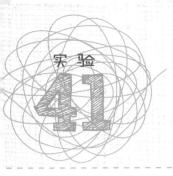

实验材料

→ 空画框
→ 用作织机上经线的绒线
→ 用作纬线的绒线
→ 钝头大孔针
→ 彩带、羽毛、纸条（可选）
→ 剪刀

同实验40一样，本实验中的编织物在完成后也会留在作为织机使用的画框上。本实验包含里亚毯结（rya knot）编织法的介绍，你将学习如何用这种技巧为编织物增添更多样的质感。

实验步骤

1. 画框可以垂直或水平地摆放。取一根绒线在画框顶部打两个结。（图1）

图1

图2

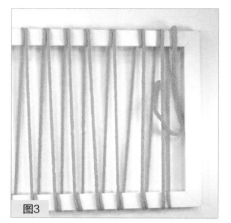

图3

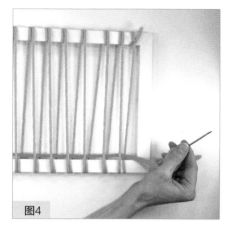

图4

2. 将绒线拉到画框的底部，绕画框两圈。绕圈时，先从上方绕过画框，再环绕一圈。然后将绒线向上拉到画框的顶部。（图2）

3. 用绒线在画框的顶部绕两圈。不同的是，这次绒线不是从上方越过画框，而是先从画框下方穿过，再绕两圈，然后将它拉向画框底部。继续以同样的方式用绒线在画框的顶部和底部上绕圈。绒线从哪一端开始，结束的时候，也应该绕在哪一端上。这些线就是经线。（图3）

4. 在编织的时候，用纬线上下穿越经线。可以用手指来操作，也可以先将绒线穿在大孔针上再操作。（图4）

5. 完成一排编织后，将绒线转一个"U"形弯，然后往回编织。这一次，使用相反的方式来编织。"相反的方式"指的是如果上一根纬线位于经线的下方，那么接下来的纬线就是从上方越过经线。在织机上用这种方式继续来回编织。（图5）

提示

如果想让编织物更加紧密，那么在给织机上经线的时候，要缩小经线之间的距离。如果想让编织物更加疏松，则要将经线的间距分得更开。注意，无论哪种情况，经线的股数都应该是奇数。

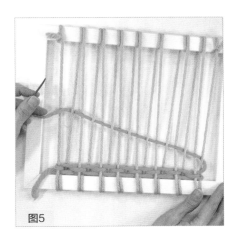

图5

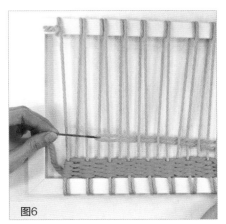

图6

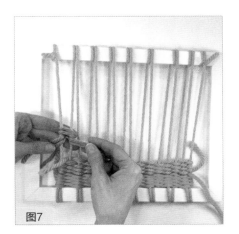

图7

6. 如果用作纬线的绒线不够长了，或者你想换一种新颜色，可以将原来那根绒线剪断，在编织物的一端留下短短的线尾。再用不同颜色的新绒线重新穿针，从之前那根绒线结束的地方开始编织。记住，再次编织的时候，一定要采用与前一根绒线相反的方式穿插。完成编织后，用大孔针将所有的线尾都收入编织物中。（图6）

7. 若要为编织物添加里亚毯结，先裁剪数根15厘米长的绒线，取两根线并到一起，把绒线的中间放在两根经线的上方，然后将绒线的两端从两根经线的中间拉出来。（图7）重复使用这种方式制作出一排里亚毯结。

8. 继续在编织物中添加绒线、羽

毛、彩带，甚至纸条来完成作品。（图8）

9. 继续编织，直到编到画框的顶部。如果还有线尾，使用大孔针将其收入编织物中。将编织物保留在画框织机上，然后悬挂起来吧！

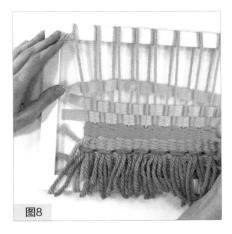

图8

提示

在织机上来回编织时，要注意拉扯纬线的力度，动作要轻柔，不然编织物会被拉得很疏松。

树形编织

本实验中用到的圆形织机和实验40中的几乎一模一样，只是这一次，为了创造出树形编织物，会对经线进行一些不同的加工。完成之后，请发挥你的想象，除了树，还能编织出什么造型？将这个编织作品倒转过来，可以成为一棵松树吗？如果使用不同的颜色，能不能织出火鸡或孔雀造型呢？树形编织里藏着无穷的可能性！

给孩子的针线实验室

实验材料

→ 任意尺寸的纸盘
→ 颜料
→ 剪刀
→ 用作织机上经线的棕色绒线
→ 用作纬线的绒线
→ 胶带
→ 钝头大孔针
→ 纽扣（可选）

图1

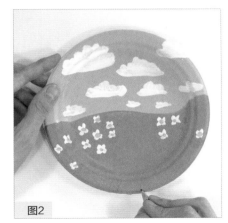

图2

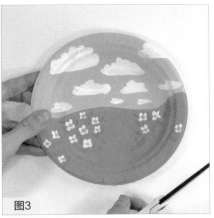

图3

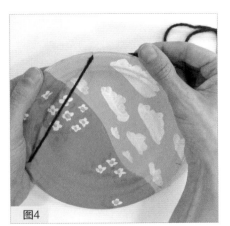

图4

实验步骤

1. 在纸盘的正面绘制风景，为天空选择白天或夜晚的颜色。用不同的颜色来绘制大地，如用绿色绘制草地。再添上各种细节，如在天上画上云彩或者在地上画上鲜花。（图1）

2. 待纸盘上的颜料变干后就可以决定树的位置了。在纸盘的底部画两条相隔1.3厘米的线，用来标记树干的位置。（图2）

3. 在纸盘的顶部画8条线来标记树的顶部，每两条线间隔2.5厘米。沿着这10条线在盘子的边缘剪出凹槽。树形织机就制成了。（图3）

4. 给织机上经线：先将绒线嵌入纸盘底部左边的凹槽里，在纸盘反面用胶带固定线尾，然后将绒线拉到顶部，嵌入左边第一个凹槽里。（图4）

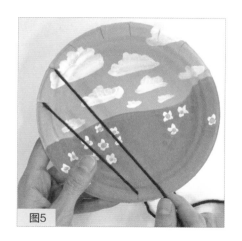

图5

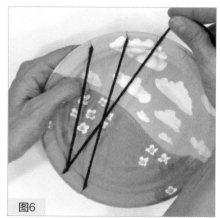

图6

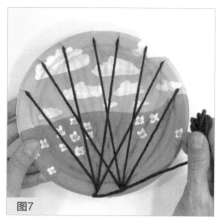

图7

图8

5. 将绒线从织机的反面绕向正面，再嵌入右边的凹槽里。然后将绒线往下拉到盘子的底部，嵌入底部右边的凹槽里。（图5）

6. 将绒线绕凹槽一圈，回到最初的第一个凹槽。再将绒线往上拉到纸盘的顶部，嵌入从左数第三个凹槽里，再往下拉，嵌入盘子底部右边的凹槽里。（图6）

7. 继续让绒线从底部左边的凹槽出发，嵌入顶部的凹槽里，再回到底部右边的凹槽，直到所有的顶部凹槽都被填满，且绒线回到了纸盘的底部。（图7）

8. 剪断绒线，留一段30厘米长的线尾来制作树干。用这段线尾从上方越过所有经线，再从下方穿回以包裹经线。拉紧绒线使经线的下方聚拢，树干逐渐成形。（图8）

9. 当树干已经包裹到想要的高度时，用绒线的末尾在某根"树枝"上打两个结来固定。

10. 开始编织啦！从树的底部开始，用上下穿越"树枝"的方式来编织纬线。（图9）

11. 若要用一根新的绒线当作纬线续上编织，需要在前一根绒线留出5厘米长的线尾，然后用新的绒线继续编织，不停地上下穿越"树枝"，直到编到盘子的边缘。完成编织后，用大孔针将所有露出的线尾都藏入编织物中。（图10）

12. 收尾时，将最后的绒线线尾系在"树枝"上。还可以在树上缝（或粘）一些纽扣当作花朵（或果实）。（图11）

图9

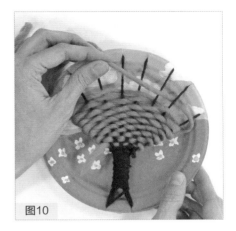
图10

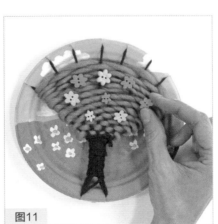
图11

更多尝试

在织机的顶部剪出2个凹槽，在底部剪出8个凹槽，然后给织机上经线并编织，这样就能制作出一棵带尖的三角形松树了。从树的顶部开始编织，最后用当作纬线的绒线包裹部分经线制成树干。

吸管编织

任何东西都可以做成编织用的织机，包括吸管！在吸管织机上完成编织，制成的编织物可以用作书签、腰带，甚至腕带！只要更改织机上经线的长度，就可以随意调整编织物的长度。

实验材料

→ 4根绒线（每根长30厘米）

→ 胶带

→ 剪刀

→ 2根吸管

→ 用作纬线的绒线（若使用彩色段染绒线，效果更佳）

→ 钝头大孔针

图15

图1

图2

图3

图4

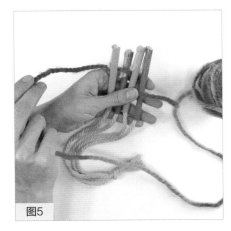

图5

实验步骤

1. 将2根吸管对半剪开，成为4根短吸管。

2. 取一根短吸管向下倾斜，用30厘米长的绒线穿入吸管直到一小节线头从吸管的另一端穿出。（图1）

3. 用胶带固定线尾。在其余3根吸管上重复此步骤。（图2）

4. 将吸管的顶部排列对齐，再将4根绒线的另一头以打结的方式固定在一起。（图3）

5. 用手握住4根吸管，拇指在前，其余四根手指在后。将用作纬线的绒线放在大拇指的下方。从左往右，将4根吸管分别编号为1、2、3、4。（图4）

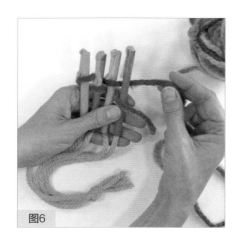

图6

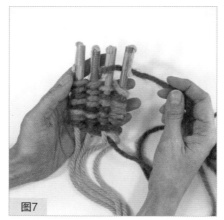

图7

图8

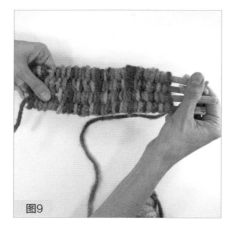

图9

图10

6. 继续用大拇指固定绒线。

- 用另一只手将绒线从吸管后方绕过3号吸管。（图5）

- 将绒线绕到2号吸管的前面。（图6）

- 将绒线绕1号吸管一圈。（图7）

- 将绒线绕到2号吸管的后面，再绕到3号吸管的前面，采取和之前相反的方式。

- 将绒线绕4号吸管一圈，回到3号吸管的后面。继续这种先上后下再环绕的编织方式。（图8）

图11

图12

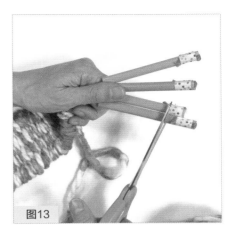

图13

7. 继续编织。底部的绒线可能会有点散开，不必担心。随着编织物逐渐变长，轻柔而缓慢地将其从吸管上撸下来。注意，千万不要将编织物一次性全部从吸管上撸下来。（图9～图11）

8. 当编织物长度达到接近底部的结，且其上端距离吸管的顶端仅5厘米时，停止编织。（图12）

9. 将编织物滑下吸管。捏住吸管使绒线维持原位。沿着固定线头的胶带下缘的位置，剪掉吸管的顶部。（图13）

10. 为了防止绒线从编织物中滑出从而导致织物散开，务必先握住绒线，再取下吸管。（图14）

11. 剪断作为纬线的绒线，只留下一段5厘米长的线尾。用这根线尾把编织物顶端的4根经线的线头绑好并打结。用一根大孔针将纬线的头和尾藏入编织物中。修剪经线使其整齐。

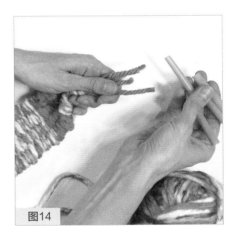

图14

日式编绳

"Kumihimo"是一种传统的日式编绳工艺。在日语中，意思是"聚在一块的绳子"。历史上，日本武士会将这些编绳系在他们的武器上。制作这些漂亮的绳子会令人上瘾！你可以将它们当作手链、腰带或者书签使用。

实验材料

→ 正方形硬纸板（边长18厘米或更大）

→ 钢笔（或铅笔）

→ 用于画圆的大盖子（或瓶子，直径为15厘米或更大）

→ 剪刀

→ 同种颜色的4根绒线（每根长46厘米）

→ 另一种颜色的4根绒线（每根长46厘米）

实验步骤

1. 要制作日式编绳的织机，先在硬纸板上沿着一个圆形的盖子（或瓶子）画圆，盖子（或瓶子）的直径至少15厘米。沿线从硬纸板上剪下这个圆形。（图1）

2. 从圆盘的顶部开始，在最上方画一条短线。如果把这个圆盘看作指南针，这条标记线代表的就是

图1

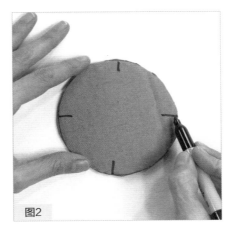

图2

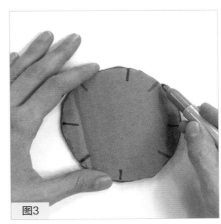

图3

图4

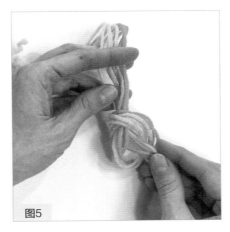

图5

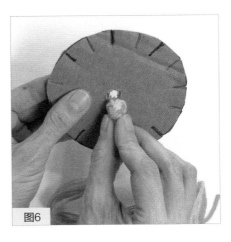

图6

北方。接着画出代表南方、东方和西方的另外3条线。（图2）

3. 再画4条线，每条新的线都要在最初画的2条线的正中间。如果把这个圆盘看作指南针，新画的这些线就分别代表东北、西北、东南、西南。（图3）

4. 在这8条线的两两之间再画一条线，总共在圆盘上画出16条线。沿着这些线，剪出1.3厘米长的缺口。用钢笔在圆盘的中心戳一个洞。（图4）

5. 将8根绒线聚在一起，在一端打个结。

● 将全部的8根绒线弯成字母"U"的形状。

● 将这束绒线较短的一端放在较长一端的上面，再将短的一端穿过线圈后拉紧。（图5）

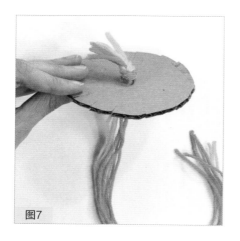

图7

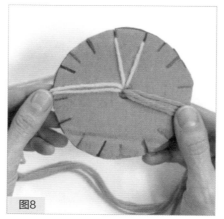

图8

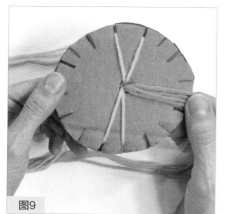

图9

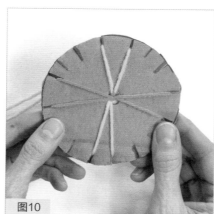

图10

6. 将线结推过圆盘中间的洞口。
（图6）

7. 把绒线短的一端拉到硬纸板的一面，将长的一端留在另一面。短的一端所在一面就是织机的反面。将织机翻到有绒线长端的那一面，这就是织机的正面，即用来编织的那面。
（图7）

8. 按照颜色来分离长端的绒线。将4根同色绒线中的一根嵌入圆盘边缘的任意一个凹槽里，再将同色的绒线嵌入相邻的凹槽里，以此创造出一个"V"形。
（图8）

9. 将同色中剩余的2根绒线嵌入相反方向的两个凹槽里。此时织机上的绒线看起来像一个非常窄的"X"形状。如果把织机看作一个指南针，绒线在织机上的位置应该是北方和南方。
（图9）

10. 用相同的步骤处理另一种颜色的4根绒线。在想象的指南针上，这些线应该位于东方和西方。
（图10）

图11

图12

图13

图14

图15

11. 现在，可以正式开始编织了。一旦你学会了这个方法，编绳对你来说就非常简单了。用右手握持织机。织机上有两个"X"，一个是垂直的，另一个是水平的。在编织的时候只会用到垂直的"X"。总是从"X"的底部开始，先将底部左边那条绒线从织机上拉起来。（图11）

12. 将这根绒线往上拉到"X"的顶部，嵌进"X"左边的凹槽里，制造出一个叉子的形状。（图12）

13. 换一只手，用左手握持织机。用右手将叉子右上侧的线从织机上拉下来。（图13）

14. 继续用右手将这根线嵌入底部右边的凹槽里，制造出一个"X"形状。（图14）

15. 顺时针转动织机，直到先前水平的"X"形状转成垂直的。（图15）从这里开始重复步骤10～14。为了把这些步骤熟记

于心，可以记住这个简单的口诀：左下的绳上去，右上的绳下来，织机转动像时针。

图16

图17

图18

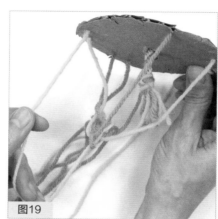

图19

16. 编织时，轻轻地拉扯线束，将编织物从硬纸板中间的洞口拉出来。约5分钟后，织机的底部会形成一条编织绳。（图16）

17. 如果拿不准接下来应该编哪种颜色，请仔细地观察绒线。颜色出现在最上方的绒线就是之前已经编过的，下一步应该换另一种颜色的绒线。（图17、图18）

18. 如果几根绒线缠在了一起，在解开的时候，一次只能拉出其中一根。（图19）

提 示

当你停下来休息的时候，最好是把编织品留在编出叉子这一步，回头继续的时候就能很容易看出是在哪里停下的，也知道重新开始的时候应该从哪个颜色开始。

19. 继续编织，直到剩余还未编织的绒线短到无法再嵌入织机的凹槽里。（图20）

20. 将未编织的绒线从织机上取下，再从织机中间的洞口滑出。（图21）

21. 此时，绳子的编织就完成啦！剪下起始时的线结以及末端多余的绒线。可以将此编绳用作书签，或者其他编织项目的线圈。若要将此编绳制作成手链，则需要将绒线穿过手缝针后在末端打结，再将编绳的两头重叠，用针同时穿过绳子的两头。（图22）

22. 再用针上的绒线一圈一圈将绳子重叠的部分包绕起来。最后用针缝一个结进行固定。（图23）

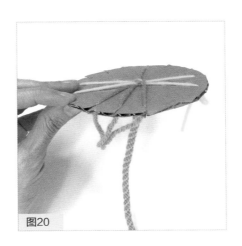
图20

图21

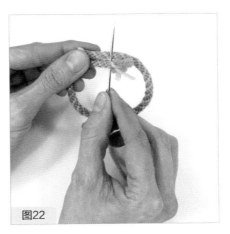
图22

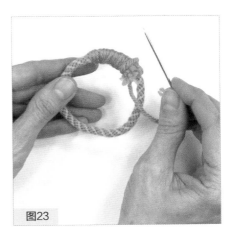
图23

提示

建议保留硬纸板织机，只要织机没有严重弯曲变形，就可以重复使用，用它制作出更多的编绳。

图书在版编目（CIP）数据

给孩子的针线实验室／（美）凯茜·斯蒂芬斯著；童画家译. —上海：华东师范大学出版社，2021
ISBN 978-7-5760-1255-2

Ⅰ.①给… Ⅱ.①凯… ②童… Ⅲ.①缝纫–儿童读物
Ⅳ.①TS941.634-49
中国版本图书馆CIP数据核字（2021）第039103号

Stitch and String Lab for Kids: 40+ Creative Projects to Sew, Embroider, Weave, Wrap, and Tie
By Cassie Stephens
© 2019 Quarto Publishing Group USA Inc.
Text and Photography © 2019 Cassie Stephens
Simplified Chinese translation copyright © East China Normal University Press Ltd., 2022 .
All Rights Reserved.

上海市版权局著作权合同登记 图字：09-2019-1015号

给孩子的实验室系列

给孩子的针线实验室

著　　者　（美）凯茜·斯蒂芬斯
译　　者　童画家
责任编辑　沈　岚
审读编辑　严　婧　胡瑞颖
责任校对　王海玲
装帧设计　宋学宏　卢晓红

出版发行　华东师范大学出版社
社　　址　上海市中山北路3663号　邮编　200062
网　　址　www.ecnupress.com.cn
总　　机　021-60821666　行政传真　021-62572105
客服电话　021-62865537
门市(邮购)电话　021-62869887
地　　址　上海市中山北路3663号华东师范大学校内先锋路口
网　　店　http://hdsdcbs.tmall.com

印　刷　者　上海当纳利印刷有限公司
开　　本　889×1194　16开
印　　张　9
字　　数　195千字
版　　次　2022年8月第1版
印　　次　2022年8月第1次
书　　号　ISBN 978-7-5760-1255-2
定　　价　65.00元

出 版 人　王　焰

（如发现本版图书有印订质量问题，请寄回本社客服中心调换或电话021-62865537联系）